设计综合表达

郑昕怡　王倩　编著

江苏凤凰美术出版社

图书在版编目（CIP）数据

设计综合表达 / 郑昕怡，王倩编著. —南京：江苏凤凰美术出版社，2016.10（2022.7重印）
ISBN 978-7-5580-1302-7

Ⅰ. ①设… Ⅱ. ①郑… ②王… Ⅲ. ①产品设计—教材 Ⅳ. ①TB472

中国版本图书馆CIP数据核字（2016）第250687号

责任编辑 王左佐
装帧设计 白华龙
责任监印 于 磊
责任校对 刁海裕

书 名 设计综合表达
编 著 郑昕怡 王 倩
出版发行 江苏凤凰美术出版社（南京市湖南路1号 邮编：210009）
制 版 南京新华丰制版有限公司
印 刷 南京迅驰彩色印刷有限公司
开 本 889mm×1194mm 1/16
印 张 11.25
版 次 2016年10月第1版 2022年7月第3次印刷
标准书号 ISBN 978-7-5580-1302-7
定 价 56.00元

营销部电话 025-68155675 营销部地址 南京市湖南路1号

《哲匠书坊》编委会

目 录

导论篇

第一章

设计综合表达概述

第一节　设计综合表达概述

设计，简而言之就是构想、创意和规划。设计的目的是将你的设计，用各种有效的手段表达出来，以引起人们的兴趣，挑起人们的心理欲望，为人们所接受，使之成为现实。设计表达就是最直接、最有效的方式。对于设计表达的理解，学术界有很多不同的观点。其中台湾云林大学杨裕富教授曾在其所著的《叙事设计研究报告摘要》中，对设计表达的解释较为合理和准确，杨裕富认为："设计表达是指：（个体或群体的）设计者将（个体或群体或设计者或消费者或顾客的）内在的意识、意思或情感，用设计的手法予以呈现；或设计者将内在的意识、意思或情感，投射到具体的设计品（设计成果）上；或设计者将设计构想（灵机一动），用设计的手法予以具体的呈现。"它包含设计的信息、情感、空间和艺术特征，设计表达既是方法、手段和能力，也是一门艺术。设计表达是围绕着对设计的认知和表达展开的，设计者思维意识中的设计构想是看不见，摸不着的。它的本体不可能被设计者之外的对象予以认知，因此必需通过某种介质再现出来，才能被他方予以感知，产生评价。再现的过程便是表达，可见表达是引起评价的基础，是设计全过程的物质依据。但是由于个人知识能力上的差别（不同的文化、国家、民族、地域；不同的性别、年龄、职业；不同的知识背景、认知程度以及不同的目的、情绪和状态）都会造成认知上的理解偏差。因此，设计表达就是要通过各种媒介和手段，努力跨越这些差别，让信息能够从设计师的头脑中物化，通过物质形式再有效地传达到观众的头脑中。综上所述，所谓设计表达即通过选择适当的表达媒介和表达方式，帮助表达对象认识、理解、操作产品（包括产品外形、色彩、质感、使用方式、情感表达以及使用环境等）。

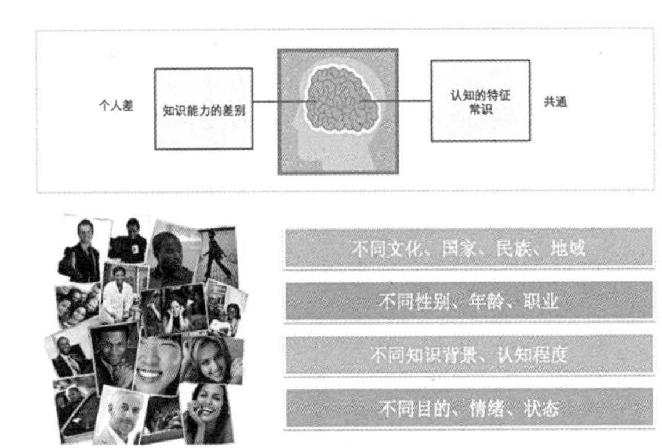

图 1.1　设计表达就是要通过各种媒介和手段，努力跨越这些差别，让信息能够从设计师的头脑中物化，通过物质形式再有效地传达到观众的头脑中　（图片来源：网络）

工业设计师在产品设计过程中，要对所设计的产品进行全面的分析，判定设计问题所在，运用创造性的思维寻求各种解决问题的方案，经过反复的筛选、修改、深化，并以制约产品生产实施的各种技术、经济、社会因素来验证设计方案。这个过程是完整的设计思维过程，它同人类创造活动经历的思维过程一样，思维活动历经“准备——创新——验证”这样三个思维步骤。在这个思维过程中，各种抽象的概念、解决方案的“顿悟”、形态图像等在脑海中交替产生，这一切复杂机制的思维活动，必然要通过一定的表达方法“再现”出来，以便对思维活动和思维的对象进行拿握控制。

对工业设计活动最重要的智力因素是设计师的创造性思维能力，其中尤以逻辑思辨能力、想象力、鉴赏力、表达能力最为重要。在这些思维能力中，表达能力是作为工业设计学科特征所特殊要求的，这同产品设计的许多工作是解决“形态”问题是分不开的。其他领域的创造活动也有表现能力的要求。诸如，文学作品中的诗歌、戏剧等离不开语言、词汇等表现手法，将头脑中的“意境”或“意象”转化为文学语言。由于工业设计是跨越艺术性和科学性的表现领域，许多工作是在做审美感觉与工程技术和创造力的综合作业。这样的工作内容对表达能力有特殊的要求。可以说工业设计教育主要从三个方面培养学生的综合设计能力。

第一　分析问题的能力

工业设计不是艺术家个人审美意识和艺术技能、技巧的表现，不能像艺术作品那样以主观意识去创造。设计作品也不仅是为了观赏。每个设计课题都有明确的客观目的性和相应的技术法则。寻找出现在产品中的、在满足客观目的性和符合技术法则方面的不足，恰恰是设计中需追寻的“问题”所在。问题隐藏在构成产品的各种复杂的因素之中，我们要找寻到问题，就必须有理性地分析问题的能力。

第二　创造性解决问题的能力

设计师运用专业知识和技能，创造性地解决发现的设计问题，这是设计最重要的工作。寻找问题的答案和寻求解决方式，是设计的关键阶段。任何好的设计都源自设计师创造性的思维，这方面的教学是设计教育的重点。

创造性的设计思维所使用的思维材料和思维成品，绝大部分是加工改造过或重新创造出的实体或形象。在获得充分的创新设计素材和指导创新设计理念的基础上，才能开始真正意义的创造思维活动，创造性思维必然经过“准备——创造——验证”这个基本过程来实现。思维材料和思维成品的产生，是设计师对复杂的产品设计相关因素，进行收集、分析、推理、演绎等信息处理方法，经由设计表达的手段实现的。在此基础上，才能产生合理的创新设计构思，

第三　设计表达能力

任何设计构思，都要转化成可以被他人感知、认识和能够分析的材料，才能使之成为现实。将产品的创新构思仅仅停留在思维之中，形成自我感知的“意象”，是无法为他人所接受的，更谈不上转化为理想的产品。设计思维必须借助表达的技术手段，表达设计理念，掌握思维对象，并使设计思维过程有序。我们每个人从儿童时期学习语言，开始表达能力的培养，长期的学校教育使我们学会了运用语言、文字，表达思想感情和描述事物。进入工业设计专业领域，我们发现过去学习的以语言、文字为主的表达方法和技能，不足以帮助我们进行有效的创造思维活动，因为语言、文字的表述方式对形象思维的表达是“隐性”和“间接”的，是通过诱发想象来显示形象。对于产品的形

态、结构、技术等特殊因素的表述是模糊和不稳定的，也就不能产生准确的形态“感知性”和技术的确定性，设计师无法单纯利用文字的表达，深化设计思维和研究交流。因此只能学习产品设计领域适用的表达手段，通过有效的设计表达来实现设计思维活动的过程。

工业设计的许多创新工作是围绕着“形态”进行的，头脑中形成的对形态推敲而产生的“意象”，要求我们转化成可视的形象化材料，以便获得对这个“意象”的形状、色彩、质量、空间感及心理的感性认识，在此基础上进一步地演化、完善。“形象化”这个概念是工业设计表达的最显著特征，培养学生掌握形象化的表达手段，也是设计基础中设计表达部分的主要课程。

产品设计的程序和步骤有明显的阶段性。设计判断、信息调查、情报分析、演绎概念、方案创新与创新评价等设计的不同阶段，需要设计师用不同的思维形式进行思维推理和创造活动，交替使用发散性思维和收敛性思维去对设计对象进行研究、创新和评价。思维力是最活跃的，设计思维对象的多层次性、设计因素的多元性及组织关系的复杂性，使设计师无法依靠纯粹的思维活动进行整合、调控与发展深化。只有通过设计表达对思维“显像”的功能，对设计师的分析思维活动和创造思维活动仿出“转译”与“再现”，利用表达所产生的“介质”才能引发进一步的思维活动。因而，表达能力的提高，与分析能力和创新能力的发展是紧密相关的。设计表达不是脱离思维活动的单纯表现技巧和技能方法，设计表达是创新思维的辅助，通过表达可以进一步深化思维，使之有序。

从上面对设计的分析、创造、表达三项基本能力的简述中可以看出，表达能力与分析能力和创造能力有紧密的关系。表达不仅是对思维最终结果的表述，更是对思维发展进程的条理化和系统化的媒介手段，对于分析与创造活动具有辅助与深化作用。表达的效能不是简单的最终思维结果的视觉化显现，而是促进设计思维产生与发展的“媒介”。

设计创新活动的复杂性，要求设计师具备全面的表达能力，能够表达研究对象或思维活动的主要特质。换言之，也就是学会根据思维对象的特点和传达目标定位，正确选择表达手段并在设计过程中进行合理地应用。

综合性设计表达课程是为了培养学生全面、系统地表达设计思维过程的能力，以及在完成设计表达的一般常用手段和技能的课程学习之后，以已获得的初步设计表达能力为技术和技能基础，结合设计程序和设计思维方法，进行设计综合表达训练而设置的，以使学生将以往学到的设计表达的各单项技术手段，运用到设计实践之中，在设计实践程序中体验各种表达手段的特点和效用，理解设计表达与设计创新思维和创新活动组织的内在关系。

设计综合表达课程中，“综合” 二字的含义并不可简单地被理解为是对以前各项表达课程所学到的方法与技能的综合运用。比综合运用更重要的是，本课程的核心目的在于提高学生设计信息表达的“综合素质”，培养学生应用表达的手段提高设计质量水平的“综合能力”。设计综合表达同单项表达课程的区别是：单项设计表达是以设计对象的局部特征为表达目标，而设计综合表达是以设计创造活动中信息流程系统的整体因素为研究目标，分析信息内容特征、传递对象特征、条件环境特征和媒介形式特征，整合信息资源，用有效的信息处理、表达与交互的手段，提高设计的质量。

第二节　设计综合表达的特征

设计表达是伴随着“设计活动”产生的，而设计往往是带着某种目的进行的，这目的来源于认知需要。设计在满足人生理需要的同时，也影响着人的心理与情感需要（图 1.2.1）。所以，在设计过程中，设计感性与设计理性是相伴出现的，设计作品是“功能与形式”的统一体，从而决定其设计表达中存在的信息特征、情感特征、空间特征和艺术特征。

表达是将思维所得的成果用语言反映出来的一种行为。表达以交际、传播为目的，以物、事、情、理为内容，以语言为工具，以人为接收对象。在英语中，“communication”的含义主要有传递、交流。通信、

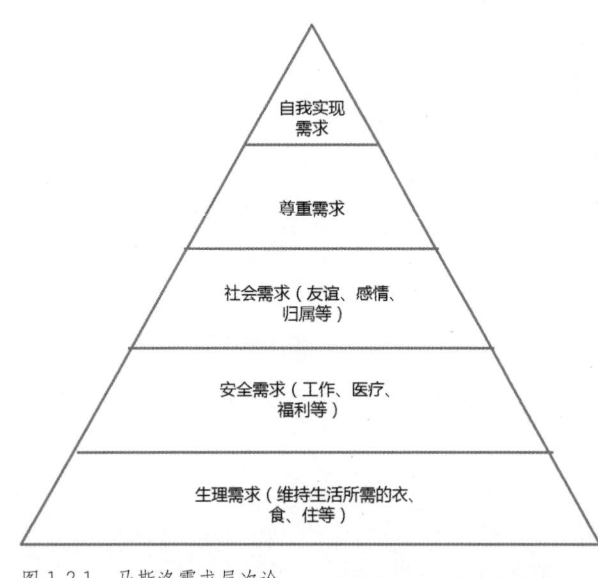

图 1.2.1　马斯洛需求层次论

传达、交往和沟通等。“communication”与“表达”相比，不仅具有单向的精神和物质内容的传布、扩散的意义，还具有标示双向的人际交往、信息交互、思想交流、物质交换等意蕴。

（一）综合表达的信息特征

任何设计构思都要转化成可以被他人感知、认识和能够分析的信息材料，才能使之成为现实。设计作品本身是不会讲话的，但是它们天生就拥有信息传达的天赋。我们可以区分什么是好用的产品，什么是不好用的，什么造型风格是适合我的，什么外观质感符合价值档次等。这一切认知都来源于设计的信息传达即设计表达，是设计师通过将自己的设计思想、意见、感触等“传”给另一个人，让他人与自己有“共知”、“共见”或“共感”，最终目的是建立“共同性”。这是设计符号的传播过程。在这个过程中，信息不是被传送而是被建构的。每一种环境和社会文化以及个人因素都与信息的建构密切相关。

设计信息的传达是人与人之间的传达，是设计师说服接受者的过程。设计说服，是将设计作为一种交流的语言或方式，利用设计来引导他人的态度和行为预期的方向。根据认知心理学的理论，说服是一种信息加工的过程。根据信息传递交换的过程（图 1.2.2），说服过程被划分为四大要素，分别为信息源、信息媒介、信息以及信息的接受者，即目标受众。在设计说服中，信息源是传递信息的主体，即设计者（制造者）；信息媒介一般是设计结果的载体；信息是信息源要传递给接受者的信息内容；信息的接受者是接受信息的对象，这四个要素共同作用，影响或决定了设计说服内容、方式和结果。

（二）综合表达的情感特征

德国布劳恩公司设计师拉姆斯曾经说：“人造物都对心灵或情绪发出信号。这些信号不论强或弱，想要或不想要，明确的或隐蔽的，都创造了情感。”作为德国功能主义设计大师，拉姆斯的这段话表明了：

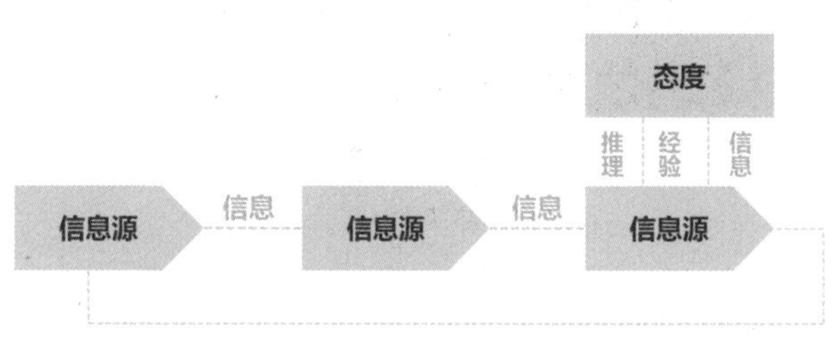

图 1.2.2　信息传递交换过程

即使是严格简化的设计也不仅仅出于功能的需要，反而认为这样的产品轮廓才是“平和的，高性能的，经久不衰的”，是掩藏在理性口号下的情感体现。由此可知，情感是艺术设计本质的要素之一。设计师通过设计物有目的，有意识地激发人们的某种情感，使之产生相应的情感体验，从而达到或强化某种设计目的。由此可见，涉及情感的表现与传达是综合表达的重点。

（三）综合表达的空间特征

空间是物质存在的秩序，对空间的定义有三种解释：（1）位置、地方、处所，即任何事物的存在，一定意味着它在什么地方；（2）虚空间，即有“空”的状态，是一种物质周围的“场”；（3）长、宽、高所限定构筑的形态，以及任何物体都有大小和形状的区别。实体是相对客观的、不变的，而虚空间是相对的，它随着环境、视点乃至观察者心理的变化而变化。

事物在空间中的三种状态，正如“概念艺术”大师约瑟夫·克苏斯于1965年创作的《一把和三把椅子》的装置作品（图1.2.3），其艺术含义即椅子（实物）这一客观物体可以被摄影或者绘画再现出来，成为一种幻象，都导向一个最终的概念——观念的椅子（文字对椅子的定义）。虽然在这一作品中体现的是一种艺术观念的联系，但其表达的形式却很好的概括出空间的定义。设计的表现与传达，离不开空间定义的三种状态。空间在设计表达中发挥着一场重要的作用。根据空间特征，设计表达一般可以划分为二维表达与三维表达两种形式。综合表达的过程会根据表达的限定因素特点来组织整合三种形式，或单一模式，或混合模式，或全息模式。

图1.2.3 《一把和三把椅子》装置艺术 约瑟夫·克苏斯

（四）综合表达的艺术特征

一般而言，人在心理的许多方面都具有非理性的、直觉的和情感的因素，基于这一先天的生理特点，决定了工业设计不可能拥有完全理性和广泛化的创造标准，感性与理性的比重争夺从来都是艺术设计专业存在的前提。

艺术与技术结合标准的变化，使得装饰艺术风格、流线型风格、当代主义风格、理性主义风格等交替成为设计的“时尚”。现代主义与国际风格强化了设计的科学性和合理性，将形式追随功能确定为好设计的唯一标准。波普风、孟菲斯等后现代设计更是将设计的艺术特征予以放大，强调设计的象征性、复杂性和矛盾性。

设计在形式与功能间的游走，正是体现了设计的科学与艺术特征。设计表达的准确传达一方面依据工业设计的标准化模式，其表现内容与形式是固有的；另一方面，设计师可以根据他的审美经验、文化背景或社会习俗以及内心感受，来确定设计内容和表现形式。

第三节 设计综合表达课程的意义和作用

设计综合表达能力的培养，要求我们的学生不仅要有专业知识、技术能力，而且还有文化底蕴，懂艺术，能思考，敢创造，会设计，善交流，懂管理，懂经济，懂市场，具有大设计观和大视野。这样的能力要求，可以促进学生综合素质的提高，有助于推进设计教育的现代化和社会化，与市场接轨，对于创新型设计人才的培养具有重要意义。

不同设计专业，有不同的表达要求，一般要求应具有如下能力：有能力根据设计过程不同阶段的要求，选用恰当的表达方式与手段；有能力采用多种方式，如徒手快图表现、电脑效果图、工程制图、模型、网页、PPT、动画、视频、虚拟现实以及快速原型等数字化手段，来表达设计意图；具有用书面及口头的方式，清晰而准确地表达设计意图的能力，了解客户心理及需求，并具有与客户进行交流沟通的能力。设计综合表达能力是设计流程中各种能力的综合，是具有大设计观和市场、实战视野的综合能力。由此，我们知道设计师的设计表达能力应是综合的、全面的，而不是某一种或几种能力。如果没有很强的设计表达能力，好的设计方案，由于表达不好没被采用的事例是很多的。细节决定成败，所以不仅要注重设计作品本身，还应重视设计作品的表达和推介；重视设计及设计表达的每一个环节。设计表达能力的全面也是设计师综合实力的体现，它对设计作品的成功实施至关重要。当今设计的发展，对设计师的综合素质提出了越来越高的要求。综合素质的提高需要越来越多不同学科的支持，需要丰富的知识底蕴和宽广的学科视野。设计师虽不能“一把抓，一把熟”，但也不能不掌握一些与设计密切相关的科技与社会学知识技能。例如自然科学的物理学、材料学、人机工程学、人类行动学、生态学和仿生学等等，以及社会学科的经济学、市场营销学、传播学、经济法、思维学和创造学等等。

设计表达课程是艺术设计专业的重要课程，由于它所处课程设置的基础位置，它的授课内容与模式已经决定了后续专业课程的模式基调，加上专业课程，表达课程将占到艺术设计专业总课程的30%左右。所以对其教学模式的研究，将直接影响培养设计人才的各种设计行为习惯和素质的形成。根据调查，设计人才流通到社会上后，普遍表现为创造意识薄弱，综合素质低，对电脑的依赖性极强，艺术修养较差，表达能力较差（包括口头表达和手绘设计表达），交流和合作能力不够等，而这些恰恰就是社会设计界不断呼吁的设计人才的综合素质表现。这些综合素质的培养，应该在大学的教学过程中对学生进行强化训练。既然设计表达类课程占的比重三成左右，那么该课程应该承担近三成左右的责任。该课程将如何培养学生的综合素质，教学模式的研究与构筑成为首选。《设计表达》课程在综合型院校艺术设计专业设计基础教学中占有重要的作用，是专业课前的基础课程，由于该课程所教授内容方法决定了后续专业课的学习方式，而后续专业课又反过来确定了它的教学体系。它所起的衔接作用是不可替代的，同时在深化教学内容方面也起着重要作用。所以，该课程教学模式的建构，要涵盖多方位的设计内容，在这方面，足以体现它的研究价值和深远意义。

目前，我们的设计专业的设计表达课，多注重学生某一单项的设计表达能力的培养，只重视设计表达的某些方面能力的训练。如：工程制图、计算机辅助设计建模和渲染、模型制作等，而忽视手绘及其它表现表达手段；忽视书面表达尤其是与客户的语言交流，推介表达自己设计意图的能力。文案和语言的表达平时训练较少，学生一般只是在毕业设计的设计说明、设计报告书和毕业答辩时才有所接触。学生的文字功夫和语言表达能力普遍较弱，毕业答辩时思路不清，词不达意，甚至张口结舌并不鲜见。加之我们的学生很少有做实题设计的经历，几乎没有和客户交流的经历，多是纸上谈兵。自然对设计表达的综合能力，对设计方案被人采纳所具有的重要意义认识不足。这说明我们对设计课题，从设计构思到说服客户，采用的整体性和实用性的训练没有引起重视，以至于课程之间不能有效地建立内在的联系，形成教学的系统性和综合性，进而把各种知识技能融会贯通。忽视学生综合、全面和系统的设计综合表达能力培养，缺少对设计流程中各个环节的表达能力的综合、系统性的教学研究。学生如不具备较强的设计综合表达能力，将不能适应社会的激烈竞争。因此，我们必须要重视学生设计综合表达能力的培养，针对影响学生设计综合表达能力培养的因素，制定相应的对策、办法来提高学生的设计综合表达能力。首先，我们要清醒的认识到综合化的设计教育，是设计教育发展的必然趋势，因为社会需要具有综合素质的设计人才。因此，对设计表达能力的培养，必须要有从设计到市场的整体意识，要在培养方案的制定、课程设置、教学方法、教学质量的评估等多方面，贯彻学生综合素质的培养这一主题，系统和综合性的培养学生的设计和设计表达能力。其次，要把设计教学的改革方向从以课程为中心向以课题为中心转变，设计表达的各种能力的培养，不仅体现在各个课程里的，更应体现在完整的设计课题里。建立适合学生设计综合表达能力培养的课程的教学要求和目标，从模拟实题项目的实践入手，对设计构思到说服客户，采用设计方案的全过程的每一个环节所涉及的表达能力，进行整体、综合性的训练，探寻提高学生设计综合表达能力的方法，形成系统的综合训练模式，达到全面锻炼和提高学生的设计综合表达能力的教学目的。

对于从事产品设计专业学习的学生而言，其专业能力的一项重要要求是，必须具备很好的设计表达能力，其作用有以下几点。

（一）交流的媒介

任何一项设计项目在设计过程中，设计人员必须同各方面的相关人员进行信息交流，如设计小组组成人员、工程师、消费者、企业决策者等。运用设计表达的形式媒介，将设计方案传递给信息接受者，共同对设计方案进行分析、评价和进行实施的准备工作。产品设计表达传送的信息，不像艺术家那样可以把个人的设计意识放在主导地位，而忽略接受者的需求和理解能力。设计活动的客观性和目的性，决定了必然将设计师个人的设计思维，依据要传达对象的需要和认知能力进行组织和整理，通过适当的表达形式予以“再现”。设计相关人员对由表达产生的创新思维“再现”，交流思想、评价方案，提出设计改进的意见，通过多次的创造——交流——改进的反复设计过程，寻找到满意的设计结果。复杂的工业化生产加工技术要求现代的产品设计和生产实施，必须在各技术领域的专业人员的分工合作的前提下才能完成。合作就必须进行必要的信息交流。如果说我们日常生活中使用的语言、文字或表情、姿态等，就基本能满足生活中信息交流的需要，在工业设计这个专业化、技术性极强的领域内，则必须有适用的“特殊手段”为信息传递和交流的媒介，促成从设计到实施各阶段工作的相互链接，使设计由早期的思维活动最终发展成为现实产品。

（二）设计表达促进设计思维的整理和控制

产品设计涉及到的因素是很复杂的，如果以系统的目光去研究，其因素大多是互相关联、互相制约的。构成产品的部件或功能领域，不会是无意义或独立存在的，它们肯定与其他部件或功能领域发生结构联系，共同实现产品的功能。任何局部的变化都会对整体系统产生影响，另外，设计的目的性要求设计必须符合市场、经济条件、消费群体的需要。这涉及很复杂的关系，设计创新带来的产品使用方式、形态风格、成本售价的变化，其中任何个体、局部产生的问题，都会成为设计成败的关键。设计是整体系统，一方面是设计对象的复杂因素相互之间的作用构成的系统组织；另一方面是在设计过程中，设计师的思维从宏观到微观、从整体到局部，系统地分析问题、解决问题。其思维的形式特点具有多样性和多向性。既有跳跃式的发散性思维形式，也有逻辑紧密型的收敛性思维模式，不断从涉及问题的各方面寻求解决的方法。这样复杂的思维活动往往产生许多设计的发展方向和技术细节的思考。各种想法纷至沓来，理不出头绪，相互“纠缠”在一起干扰影响，使设计思维失去控制。因此设计专业的学生需要具备很好的设计表达能力，在设计的各个不同发展阶段，用恰当的方式将头脑中的思维轨迹记录下来，利用设计表达捕捉住创新的灵感，把握住设计的发展方向，深入解析技术细节，使思维处在宏观调控之下。

设计思维的显著特征是在设计过程中不断在思维方式上变换，收敛性思维与发散性思维相互交替融合，在不同的阶段中主要应用一种形式的思维模式。在设计的早期阶段，要对存在的问题进行透彻地研究，要对构成产品设计的各种因素有理性的认识。用严谨的“逻辑化”的思维形式分析产品、比较鉴别。发现问题，确定设计定位。而在解决问题的设计创意阶段，则要解放思想，主要用“直觉” 或“形象”的思维方式，释放思维中的想象力，寻求“灵感”和“顿悟”的火花，此时的思维应该是最活跃和不受逻辑与理性制约的。在设计过程中，何时应用发散性思维进行“畅想”，在广阔的领域内寻找，可能解决的方案，何时停止“畅想”，何时收拢思路，在取得的创意中分析评价“解决方案的可能”。两种思维如何控制以达到较理想的状态，对设计的结果影响很大。

人的思维是最活跃的，灵感的产生和逝去往往非常突然，难以追寻，而设计表达对思维具有很大的“再现”能力。利用设计表达这个思维的“再现”可以帮助调整思维状态，将思路引向正确的方向，激发思维的深化。

（三）实现设计方案必备的技术手段

设计表达是设计人员使用的专业化语言，它是使设计师的创造性工作同生产技术条件下的产品加工实施相互联结的桥梁。现代产品生产技术手段的高度技术化和复杂性，是我们无法用日常生活中使用普通交流手段能够表达清楚的。设计人员必须熟悉工业生产通用的技术语言，并能规范地使用，将新产品设计的各项因素，诸如产品形态尺度、结构关系、工艺要求等转化成可操作控制的工程技术语言，把设计表达纳入生产加工条件下，使新方案能够生产实施。

传统的技术性表达语言是工程制造领域通用的机械制图，产品的所有技术指标，数据在图纸上规范好，后期的工艺分解与生产实施、质量控制都依据设计图纸的规范进行。今天，绝大部分生产企业已经使用先进的计算机辅助加工技术。这项技术的特点是，要求新设计必须提供计算机数控技术所能识别的“数字化”。后期的加工与制造，再由设制提供的基础参数上完成。假如设计师或设计小组，不能提供为计算机辅助加工技术所要求的数据文件，先进的设备就发挥不出应有的效能。因此，掌握将产品设计的形态思考，技术结构思考转化为“数字化”文件的能力，是实现设计目标所必需的。

第四节　设计综合表达课程的教学重点

在进行设计综合表达课程之前，我们已经过了多种设计表达手段的技法训练，如产品设计速写、效果图、工程制图、仿真模型制作等。这些基础性的训练为设计综合表达应用提供了必要的准备条件。许多学生在某些表达技巧的掌握上已经达到了相当的水平，但这并不说明学生已经具备了综合应用能力，因为以上这些表现手段和技能学习并不是在设计程序中进行的，而仅是将设计过程中最常用的表达手段归类、分解出来，形成单项的技法，每项技法概括了产品设计特定阶段所适用的一般表达方式（初期创意阶段使用设计速写，中期发展阶段使用效果图，后期定型阶段使用样机模型等）。教学中教师重点讲授设计表达的技法，并训练学生能熟练运用特定材料和工具进行表达的技能。掌握了这些表达的技能很重要，但并不是掌握了基础的表现技法就能在设计时很好地综合运用。因为这类技法基础课程，都是将设计表达从其归属的设计思维和程序中分解出来，进行的单独训练，并未使学生充分意识到表达在设计程序中的作用及其同设计思维的紧密关系。对设计表达的目的性和传达对象认识不够透彻，容易将设计表达同设计的程序和结果分开看待，将表达手段视作对设计创造影响不大的技巧。这样的问题，导致了在设计课程的设计表达实际应用中，不考虑实际思维的特点和需要表达的设计内容的个性特征，被动地套用表达形式和手段，未能将设计思维过程清晰准确地表现出来，需要精细表现的内容可能表达的不够充分，而另一半能用简单表达手法就很好地予以表达的内容，却可能选择耗时费力的手法去表达，事倍功半。

设计综合表达课程的设置就是针对前述问题而进行的综合练习过程。教学的重点在于通过设计程序中的完整设计表达训练，提高学生设计及表达的综合能力。设计综合表达课程教学应特别注意培养学生如下几个方面的能力：

（一）培养学生整理，分析和表达设计过程中思维的能力。

通过设计表达的实题模拟训练，使学生能够在设计过程中对产品设计各项因素进行系统全面的思考，使设计表达成为设计思维的一个重要组成部分。

（二）提高学生运用设计表达进行交流与传播的能力。

传统设计表达教学注重的是设计师形象思维的表达技法的训练，将形象化的思维表达作为唯一的重点，极少研究影响设计表达传播质量的其他相关因素，诸如传播渠道方式、媒介形式特点、传播对象需求、传播的时间、条件、环境等。

设计综合表达课程不以单独的表达方式或技巧为着重点，而是以整个设计表达的系统为教学重点，通过教学与课程练习，使学生正确掌握设计表达技法，在设计创新过程中的合理运用。

（三）提高并巩固以网络课程所学的各种设计表达技法。

虽然各单项技法的训练、提高，不是设计综合表达课程教学的主要内容，但课程的训练使学生能够在设计的各个阶段，综合、灵活地运用过去学到的表达知识和技能，在实践中体验其效能并验证自身的单项表达水平是否符合实际需要，发现自身在设计表达能力上的弱点，以有针对性的练习提高设计表达的总体能力，在表达的质量上达到较高的水平。产品设计的一些表达技法需要反复地练习，才能达到设计需要的水平。对于一些在专业教学中没有明确课程训练的表达能力，如语言与文字的表达能力，表达设计概念，判断和推理论证等抽象逻辑思维的能力，进行重点训练。“学而时习之”是提高和巩固过去所学课程的最好途径。

（四）培养学生将创造性的设计思维贯彻于设计表达过程之中。

设计表达并非是单纯的技巧运用，对于设计中的各种要表述的内容，每个内容都有其自身的特殊性。通用的设计表达手段并不总是恰当的，对于难以用通常方式表达的内容，可以尝试创造新的表达方式。设计表达创新其积极意义在于，将创造性思维也寓于设计综合表达训练之中，打破程式化思维与表达模式，根据设计表达内容的需要，寻找一切可以利用的手法和材料，创造性地予以表达，培养学生力求创新的设计意识。

（五）培养学生掌握合理的设计程序和具备严谨的工作作风。

通过设计表达课程的学习，使学生逐渐形成设计师特有的工作态度和习惯。设计师的设计成果首先是通过设计表达来体现的，它是设计师的创造能力、学识水平、审美修养包括职业道德的直接体现。本课程的重点之一就是通过完整的设计表达训练，促使学生具备设计师应有的工作作风，富于创造力且讲求严谨、精确和负责任的职业精神。

（六）了解和掌握设计表达中的非形态部分因素的表达技巧。

基础的设计表达练习以产品的形态因素为主要的

表达对象，而对于产品设计中那些非形态部分的表达内容则很少涉及。通过设计综合表达课程练习，掌握抽象的设计概念及量化的设计因素对比等特殊设计因素的表达。

以上这些设计综合表达课程所要实现的教学目的，仅通过一次综合性设计表达课程训练，是不容易达到预期效果的，需要设计综合表达课程后的产品。设计课程中不断对学生的综合表达能力进行辅助性训练，每个设计表达训练课题重点培养某几项能力。经过反复地练习，使学生确实能达到上述教学重点的要求，并逐渐完善工业设计专业所需要的表达能力。

其次，依据工业设计表达能力的类型和在设计过程中的运用目的和传播对象上，可以将表达能力分为两个能力板块。从这两个板块，又可以以不同的侧重点，对学生的表达能力进行训练。

（一）基础板块

基础能力板块包括工业设计专业要求所必须具备的几种表达能力：草图表现能力、文字表达能力、图表绘制能力、简报制作能力。这些能力是从业设计师表达设计思想和进行设计交流活动的基础能力，是对设计师头脑中的思维意象外化为可感知和为他人接受的快速显像形式。与其他表达思维的表达手段相比，这几种表达手段具有最快捷和直接的特点，是思维活动最自然与最少阻滞的表达。因此，对比其他的能力板块，基础板块的表达能力是无可替代的，设计师可以委托他人加工技术，制作样机模型或制作宣传文稿，但不可能委托他人表达思想。

（二）技术板块

技术板块的表达能力主要包括手工模型制作与数字模型制作。模型制作需要学生掌握难度较大的制作技法。在早期的工业设计教育中，工艺技能的学习占有很大的比重。包豪斯的设计教育主要是在工艺车间里的工艺实践中进行的。学生们通过亲身体验获得材料、结构、工艺、功能、形式等相关经验，设计创意至设计方案确定是在反复的工艺实践中发展而来的。设计教育发展到现在，单纯的工艺实践型设计教学已经不存在了，但通过工艺实践培养学生的材料工艺知识、动手实践能力与综合设计能力，仍是工业设计教育的重要环节。目前，由计算机控制的模型制造技术已经广泛应用，主要有两个系统：一是快速自动成型与制造系统，二是数控加工系统。这些新技术手段替代了大部分的手工制作。从工业设计的发展趋势来看，需要设计师动手制作的工作，愈来愈多地被先进的设备取代。模型制作的技能不再是设计师从事设计工作的前提条件，但掌握了它，对设计工作仍是有很大益处的。

有两种情况，一种情况是设计工作全部完成之后，对新设计方案的立体再现，设计师没有必要通过模型制作过程来验证设计构思和技术细节。此种情况下，设计师可以放心地将方案交由先进的加工设备去完成。另一种情况是，模型制作本身就是设计方案发展、完善的一个阶段，设计师需要通过立体的具象形态的成型过程，来推敲诸如产品造型的曲面过渡、圆角变化和结构关系等等。此时就需要设计师参与模型制作，在制作过程中对设计方案进行调控。特别是在汽车车身设计等产品结构复杂、曲面造型质量要求高的工业产品设计领域，设计师通过手工制作模型的过程来推敲设计方案，仍是必需的设计流程。

计算机数字加工技术的发展与广泛应用，凸显了技术性表达的价值。模具制造与生产加工完全依赖技术数据，设计数据将成为设计开发过程中必需的环节。忽视技术性表达是不正确的，同时，也特别应遍免以技术性表达能力替代设计能力，或以计算机绘图能力替代思维表达能力，对技术的过度追求势必造成思维表达能力的不足，认识这一点对设计师是非常重要的。

学习工业设计的许多学生被计算机绘图所产生的效果吸引，重视计算机表现方法学习，忽视对设计至关重要的基础表达手段的学习。设计时只能依表现设计构思，思维的重心由前创新的思考，转移到对计算机操作和控制，失去了对设计思维的控制。仅有的一些想法也常常受制于计算机工具的制约，无法制作出来——先进的技术不但没有促进思维能力的扩展，反而成为制约思维的条件。因此在教学中要尽可能引导学生避免朝这个方向发展。

要正确认识技术性表达的作用，从设计加工制造角度看，技术性表达是不可或缺的，技术性表达能力的提高保证了产品开发的成功率和效率。同时也要清醒地认识到，在计算机辅助制造技术日益发展的今天，技术性表达愈来愈复杂和富于变化。以应用于设计建模的软件为例，可以为工业设计师选用的软件有很多，Solidworks、Pro/E、UG、Catia、Alias 等，每种软件的使用方法都需要时间学习，且不断有新的版本出现，设计要做到对技术表达的精通是很困难的，也并不一定是必需的，在高度集约化的企业中，可以通过分工合作由专业技术人员来完成规范的技术性表达。

（三）传播板块

表达能力的传播板块是以设计表达的传播目的、信息接收对象、信息传播的媒介形式、传播的时间与空间条件等综合因素为分析、研究的整体系统。

传统的工业设计表达能力中并不包括设计信息传播能力的训练，随着企业的发展及全球化竞争的需要，设计资讯在更广阔的空间传播。以往，企业面对的是区域性经济、特定的市场和消费对象。设计活动是企业的内部行为，设计信息主要在企业内部机构中，在相关的技术人员和管理人员之间传播，基本不用过多考虑设计信息的传播问题。新设计的产品推向市场后，消费者所具有的权利仅是选择和决策，对于设计本身没有有效的影响力。今天，开放的全球市场和多样化的生产与营销模式，要求设计信息跨越空间、时间和不同专业甚至不同文化背景的人群中传播。一个设计师所作的设计项目，可能生产企业在邻国，而服务的用户居住在地球的另一面。他们都需要了解与其利益相关的设计信息，并能向设计师表达自己的意愿，这样的信息交流需求使设计师必须注重传播能力的培养。

全球网络交互平台和计算机处理技象使设计师能够跨越空间和时间的限制，同远在异地的设计合作者、工程师、消费者进行交流。另外，网站、网页等网络媒体的应用，使众多机构、企业、团体、个人获得接收和发布信息的能力，人把不再单纯依赖报纸、书籍、广播、电视等大众化传媒。企业有了面向公众的传播媒体，作为企业品牌宣传与用户服务的重要内容——产品设计信息因素，成为大众化传播的内容。设计表达不再仅是专业人士圈内的交流，需要扩延到更广泛的受众之中。

从最近几年的设计发展趋势来看，设计师愈来愈多地利用传媒向社会传达设计信息，透过这些信息，向消费者传递新设计的设计理念、品牌价值甚至生活模式，吸引他们的注意力，培养潜在的用户。并藉由消费者反馈的信息，调整设计定位。这种设计与推销方式要求设计师具有向公众传播设计信息的能力。

对公众传播的能力，包括建立在分析公众需求和认知能力的基础上的信息组织创新能力和掌握相关的传播媒体技术的能力。

第五节　设计综合表达的指导思想

设计表达的方法有许多，各种表达方法综合运用起来可以产生极强的表达能力。对于设计中的一个要表达的因素，可能有几种可选择的表达手段，究竟用什么方法去表达才是合理的，使用哪几种表达手段的组合，对说明表达内容才是理想的？

设计表达要合理，首先得符合设计活动的总体目的。在此我们应遵循设计表达目的的要求，确立表达的主导思想和基本原则，用以把握设计表达的方向。

因此，设计表达实施指导思想应遵循如下几条：

（一）准确和恰当

准确是要求所表达的内容必须符合被表达的对象，要准确地反映被表达物的本质特征，无论是具象的形态或是抽象的概念，关键的因素不可含混、遗漏或夸大。

恰当是要求选择的表达方式与被表达的内容之间

的关系要恰当。例如，对于要表达的形态因素要选用视觉图形化的表现手段，对于空间物体在时间中变化的表述对象，也选取具有空间和时间变化的方式为宜。实际上我们生活中使用的各种表达方式，如语言、文字、图表、图形符号等，每种方式都具有一定的表述优势和局限。关键是针对被表现对象的特点，选择和组合以达到恰当的效果。

（二）快速和经济

设计表达并不是创造活动的最终目的，纸面上的效果或计算机数据、图形也不是设计师所追寻的产品设计的最终结果，它是设计思维过程的再现及对设计方案的说明。人的思维能力是很容易受到制约的，如果在设计过程中过分地将注意力专注于如何表达，势必影响思维对解决设计对象的思考，制约了设计师创造能力的发挥。因此，设计人员在熟练掌握基本表达技法的基础上，在设计中轻松灵活应用，将主要的精力集中于设计创新，让表达的速度跟上思维的脉络，以便在较短的时间内，以较经济的手段清晰地阐明时间构思为佳。

（三）系统和规范

要让人明了产品设计诸因素的关系和各因素的重要程度，必须将要表达的内容进行系统化的处理；各种设计因素要依其所起的作用，性质和特征进行组织分类，纳入编排好的系统中；要有严谨的关系和清楚的条理，使设计表达的接受者能清楚地了解设计者的创新意图和解决复杂设计因素的逻辑思辨。另外，设计表达要整理成较规范的格式，因为产品的设计表达要综合地使用多种表达手段，为避免混乱，达到较好的视觉传递效果，应使用统一而规范的处理手段，使不同的表达内容和不同的表达手段协调在规范的格式之中。

第六节　设计综合表达的演变和发展趋势

设计表达的演变是与其表现材料的演变密切相关的。随着人类对自然界的了解，对材料也有了更进一步的认识。人开始产生各种欲望，在表达内心情感时开始在石头上、墙壁上写画，后来在龟甲上、竹节上、纸上、绢上、帛上，到照相术的发明，到芯片、集成电路的出现，电子数字时代到来，人们由手绘设计表达时代转向了电脑绘图时代。“设计表达”是一个不断发展和完善的概念。从手工业时期到最初的大工业生产时期，并不存在“设计表达”的概念，“设计师”是作为艺术家兼职出现的名词，设计的产品也带有浓厚的“艺术”气息。

到了后工业时代，一方面为满足人们不断膨胀的需求欲望，产品设计也向其他行业、学科寻求突破的途径，只是设计交流在整个设计流程中变得尤为重要。另一方面，产品的批量化、规范化生产导致设计者要求能够和委托客户、产品用户以及其他设计团队成员进行设计思想的表达和沟通。

随着信息科学向产品设计领域的引入，产品生命周期概念的出现，使得设计者需要负责监控整个产品的生命周期，提高设计效率，及时了解生产与市场状况，调整设计方案。设计者从开始的用户信息收集，到最后投入市场的用户反馈调查，与生产企业和用户之间几乎在每一个阶段都存在着产品信息的收集、分析、表达、传播和交互的需求，这样一来，设计表达就成为与社会不可分离的部分，贯穿产品设计的始终。信息技术的迅猛发展和各种先进的制造理念的产生，使得产品设计正在迅速地并行化、分布式、数字化和智能化方向转变，传统的小而全的企业正在向分散的企业联盟发展，企业的新产品开发方式有了革命性的变革。作为这种变革的直接结果，设计表达的手段已经进入了一个全新的时代，数字化和网络化是这个时代的主要特征。

伴随着数字化与网络化的普及，设计师越来越多地在网络计算机平台上进行设计表达。表达形式与手段的极大丰富，为设计师提供了广泛选择的可能。设计师可以跨越时空限制，在计算机网络平台上与未来的消费者、其他的设计师和工程技术人员交换意见，设计信息的交互范围扩大了。设计信息的传播对象可以触及不同文化背景和不同专业领域的人员，提高了设计信息的传播效率，这就要求设计师要具有快速地信息归纳与表达能力。

另一方面在经济全球化的条件下，企业的运营组织结构和设计开发制造体系产生了很大的变化。传统的区域性生产方式下，企业在区域市场内进行有限的竞争，设计创新活动一般在企业内部展开，仅涉及小范围的专业群体，对设计师表达与沟通能力没有更高的要求。随着市场全球化的发展，企业在世界范围内进行技术、经济与市场的竞争与合作，设计创新的开展方法和研究内容有了很大的发展。工业设计师在工作中面对的因素较之以往有了根本的变化，单纯以专业经验解决产品外观美感的工作，已经不再是设计师唯一的工作重心。设计师不再仅是一个技术美学的专家，产品设计的系统因素较之以往有了极大地扩展，需要研究与表达的信息因素类型繁多，要求设计师必须具备处理和表达复杂资讯的能力。

现阶段，随着科技的发展，设计表达的呈现方式也愈发先进，总体的发展趋势可以归结为以下三个方面。

（一）静态向动态

人们长时间接受静态图像信息会产生一定的审美疲劳，视觉信息在固定框架内所展现出来的感染力被大大削弱。所以在新媒介艺术的促进作用下，平面二维的表达逐渐转变成了动态表达，动态信息在给人带来新鲜感的同时，也能丰富信息的内涵和意义。

（二）多元化设计表现方式

科技与艺术的结合使得现阶段设计表达格局更加丰富，呈现出一种良好的发展态势。现代通讯技术和各种交互平台的建立，打破了信息交流的固定界限，让设计师在赋予其良好信息能力的同时，又具有了多元化设计表达的可能性，比如通过总长度只有几秒的短视频拍摄方式，又或是通过快速成型技术，将设计的意图和信息以更加多元化的表达方式展现出来。

（三）物质性设计向非物质性设计

新媒体环境下，计算机在设计领域中的主导地位越来越明显。信息从物质形态向非物质形态的转变，标志着大多数视觉设计手段已经通过计算机来完成。虚拟设计作品作为一种服务性信息设计，内容呈现在大众面前，这种特立独行的设计模式给设计表达开辟了一条新的发展道路。与此同时，虚拟化的设计作品呈现方式，还充分利用了平面设计信息的交互功能，改变了传统“填鸭式”信息造成的传播障碍，让人们更加关注于信息传播的形式，而不对信息的视觉效果产生过分的需求。新媒体与网络的联合发展式的设计，表达的信息传播价值、认证价值大大提升，从交互体验上来讲，公众对这种设计模式的认可程度很高。由此可见，设计师可以通过构图版式、线条轮廓、借助数字、色彩和图形技术手法来虚拟现实。

第二章

设计综合表达的信息组织与重构

第一节　设计表达的信息要素

如果我们把产品设计活动看成是信息的一个处理过程的话，就不难发现它的如下特点：

（一）设计组织结构中的信息交流。产品设计活动是在产品创造的组织结构中运行的，在许多情况下，产品设计是由各种专业人员参与的集体性创造活动。即使是一个以自由设计师身份独立地完成企业委托的设计任务，实际上其创造活动也是纳入一定的组织结构之中，依赖组织的配合协同工作，实现产品设计的目的。信息交互是促使设计组织组合、运作的基本条件。由设计调研工作开始，企业的设计部门、市场部门、工程部门和生产管理部门组成设计开发机构，各部分的工作都在占有一定的信息量的基础上进行对设计课题的研究、深入和完善，并将产生的新信息传递给下一个工作程序。设计师在一定的范围内获得必要的基础信息，经过分析、加工、创造，产生新的信息，并以某种表达方式传送给设计组织的相关人员。

（二）设计表达所传递信息的两个方面。产品设计的专业性及组织结构的特征，决定了产品的信息必须满足两方面的要求：一是要表达出设计师具体设计对象设计思维这部分的内容，二是设计内容的表达要符合传递对象的客观需要和认知能力。这两方面的因素是综合性设计表达的重点内容。

在（图 2.1）之中我们可以看出，要使产品设计

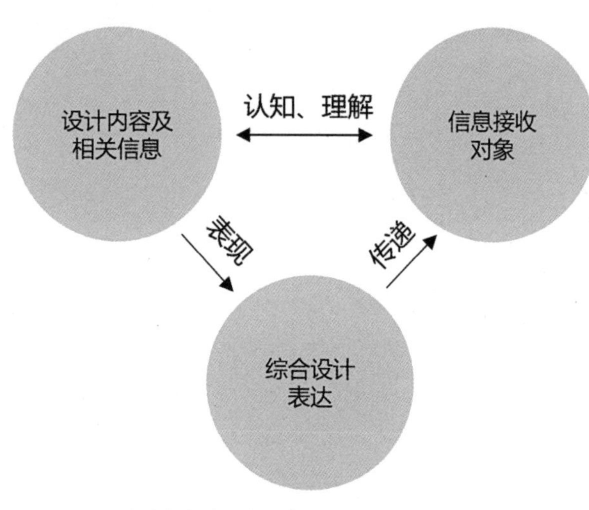

图 2.1 设计综合表达信息因素图示

中的信息传递有效和准确，必须处理好设计表达方式同设计内容和信息接收对象的两方面关系。可以预见，由技术进步引发的设计程序方法的变革，使设计信息流程变得愈来愈高效快捷，传播范围更广。

认识设计活动中设计信息的流程规则，对于理解设计综合表达课程的重要作用意义重大。设计活动依赖信息的有效吸收、分析、创新、传播与控制来实现，设计师是这一切信息活动的最重要的组成部分，同时又担负着最核心的创新工作，必须充分认识到表达能力与创新思维的产生及创新的组织与管理工作的重要作用。设计综合表达能力的提高，并不是仅显现为效果图画的逼真、电脑渲染效果好或报告书的版式漂亮。更为重要的是，设计表达是关乎设计创新活动效率与成败的重要因素，因为，新的设计方案由孕育、产生、实施到完成，每一环节无不依靠信息处理与表达。

第二节　设计表达的信息组织与结构

人类的各项活动都给予人类以知识和智慧，即对外部世界的观察、了解以及基于正确的判断和决策而采取正确行动的能力，原始的数据仅仅是人们用各种工具和手段观察外部世界所得到的原始材料，它本身没有任何意义。从数据到智慧要经过分析、加工、处理、精炼的过程。数据是原材料，它只是描述发生了什么事情，而不提供判断或解释。数据是信息的载体，信息是数据的含义。对信息进行再加工，通过深入观察，才能获得更有用的信息，即知识。所谓知识，可以定义为“信息块中的一组逻辑联系，其关系是通过前后演绎过程的贴近度发现的”。

从信息中理解其模式，即形成知识。在大量知识积累的基础上，总结成原理和法则，就形成了智慧。

在多年的产品设计程序课程的教学中，我们发现了一个普遍存在的问题。学生通过设计程序的学习，基本都能掌握设计的规范进程和各个阶段的基本工作方法。在课程设计实践中，也能够按教师的要求做较详细的情报收集工作，如产品的价格、市场销售情况、产品的工艺技术、消费者对产品的意见等。在早期的设计报告中，罗列了许多的内容，看似全面翔实，但要使用这些资料产生创新的设计概念及定位，并帮助发展设计创新思维，则出现很大的困难。教师常常听到学生的反映：

“这么多问题，我该确定解决哪些问题？”

“设计定位是已经确定了，可我应该从哪里入手开始设计？”

“老师，我收集了许多素材，可我看它们时想不出新方案，想方案时顾不上考虑它们，我现在的方案与当初的定位没什么关系，我前期的工作一点用都没有。”

出现这些问题的原因，一方面因为学生缺乏设计的经验，这有待于在课程教学和社会实践中充实、发展；另一方面原因是学生没有对收集到的基础信息作进一步的整理、分析和组织，经过信息创新过程使之转换为能揭示问题本质及在设计思维中能有效激发想象力的信息。

一般认为信息的组织或设计是传媒领域或信息设计领域专业人员的工作，实际上在信息化社会的今天，从事管理工作、信息交流工作、科研工作等非简单重复性工作的从业者，都需要有比较好的信息的吸收、组织与表达的能力。工业设计专业作为综合型学科，在设计研究与创新的过程中，始终处于信息的吸收、筛选、加工、评价与创新的过程中，因此，工业设计从业人员应当具备较高的信息素质（information literacy）。

工业设计的信息组织不是简单地对设计相关信息收集、排列和描述，而是将与设计相关的、分散的、杂乱的信息经过整序、优化，形成有效利用系统的过程，同时也是排除杂乱信息干扰，去伪存真，加速信息流动提高信息效能的过程。基于此，工业设计信息组织的目标不应该停留在简单地对设计因素进行再现和提供知识，而应该是融合分析、归纳、推理等方法，来实现设计知识挖掘与思维创新的信息再造过程。

信息组织是为了方便人们理解信息而对原始信息进行重组与转化设计、传达表现的过程。经过加工组织的信息虽然来自原生信息，但是它们已独立手原生信息而自成系统。工业设计师通过对广泛收集的，与

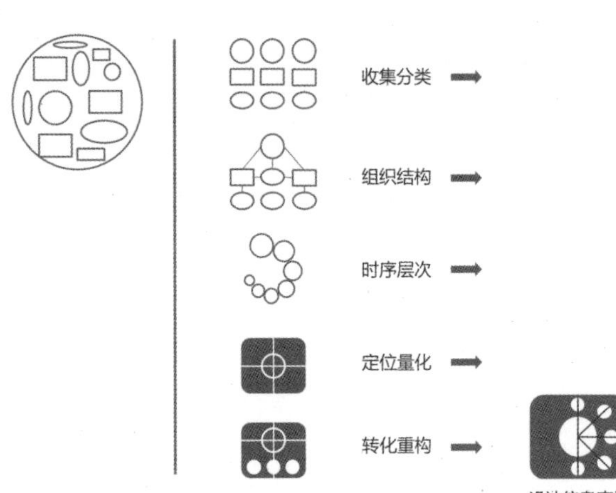

图 2.2　信息组织方法图示

设计相关的原始信息进行加工组织，获得的成果信息，使设计师在利用信息创新或向他人传达信息时，比直接利用原生信息得到的启发和收获更大。

信息组织的内容包括：信息收集分类、组织结构、表达时序层次、传递定位量化，与有助于理解的信息转化重构。

图 2.2 以图解的方式，概括地形象化地说明工业设计信息的组织方法在信息处理过程中的作用。从杂乱无序的原始信息经由收集分类、组织结构、时序层次、量化筛选和转化重构到产生新的信息的过程。

信息结构（information architecture）组织的目的是依据信息的使用目的，将若干信息有机地组织在一起，使用户（包括设计者本人）能够容易地理解、分析、查询所需要的信息。人们在现实生活中经常要将信息按照一定的逻辑关系组织起来。例如，一个软件的功能被分类组织为金字塔形的菜单系统，以供用户使用。显而易见，信息结构的合理性将会直接影响信息的使用效益，特别是在网站设计等大容量信息系统中，信息结构的组织尤其重要，因为其信息量是没有限制的，使用者可能数以百万计，只有具备符合使用者的期望与习惯的信息结构，才能真正做到方便用户使用。工业设计创新活动中的信息处理虽然不像网站设计那样拥有超大的信息量和用户群，但由于工业设计所涉及的信息类型、范围非常广泛，设计师需要通过对信息的有效处理以获得有价值的信息，并经由合理的结构组织再现，达到引导设计思维深化和与设计团队交互的目的。

信息结构组织是对各种信息，依据其相互影响、互为作用的关系所作的系统组织揭示，是不同信息产生联系的信息结构框架，是信息设计者为受众提供的理解复杂信息之间的组织构造、系统构成及相互关系的结构性表达。良好的信息组织构造表达，为信息受众提供了有益的理解方式和着眼点。使其从有利的位置、渠道，以有利的方式获取信息，理解其含义。

产品设计活动实质上是对构成产品的所有因素的“关系”深入研究，发现现有“关系”中的不足，探求产生更合理的“关系”的可能，所进行的“关系”创新与协调工作。产品的功能系统与成本、技术、外观形态具有直接的联系，但同时也与企业的市场定位、竞争策略、生产管理产生相关的联系。从系统设计的角度而言，任何一项关系的改善都可能带来设计的成功。反之，任何两项因素的“关系”处理不当，都可能造成设计失败。

设计表达的组织结构与设计师从事设计问题的研究方法，及设计创新对信息的需求紧密相关的。设计创新活动之所以能够从现有的产品中发现普通人意识不到的问题，或在用户研究中找到消费者不曾言明的潜在需求，确定新产品的设计方向，运用的是对纷繁复杂的产品、市场、技术及用户等相关信息的收集，并对收集到的基础信息进行筛选、演绎、表达、组织的再造过程。设计信息的组织结构与设计活动的目标是紧密相关的，只有科学、合理的信息组织，才能获得正确的设计方向。在正确的设计方向的指引下，设计师要从事设计工作，还需要更多的资讯，单有明确的设计定位，并不意味着一定会有满意的结果，设计活动需要更多的信息以支持创新思维的产生与深化。在设计过程中设计师的思维需要大量的提示信息作为产生新想法的“诱因”，而新的设计方案需要大量的具体的资料使其发展完善。这一切设计信息的需要，只有通过有效的信息组织获得，并以合理的具有良好使用效能的组织结构呈现出来。

每一个着眼点以及组织模式，都能给人一种全新的结构。同时，每一种新的结构也将使你理解出一种不同的意义，并且作为一种新的分类方法使整个事物能够被人掌握和理解。

——Richard Saul Wurman

设计师如同站在企业、市场、消费者的上层平台，俯瞰产品设计的全局，以一般人难以达到的高度，研究设计问题的复杂关系和深层原因，从“理解”“思考”，到“表达”“交流”的深化发展。

第三节　设计表达的信息分类原则

要让人们明了产品设计诸因素的关系和各因素的重要程度，必须将要表达的内容进行系统化的处理，各种设计因素要依其所起的作用、性质和特征进行组织分类，纳入编排好的系统中，要有严谨的关系和清楚的条理，使设计表达的接受者能清楚地了解设计师的创新意图和解决复杂设计因素的逻辑思辨。信息分类在设计表达中的作用十分重要，包括产品各种信息的重新整合，通过对设计关键属性的类比与分析，理解其产生的内在依据，并通过受众可以理解的方式表达和揭示出来。

信息分类的特点在于能将类别属性相同的信息集中在一起，类别相近的信息建立起密切联系，类别性质不同的信息区别开来，组织成有条理的系统，便于设计师或其他用户从中发现原来不知道的相关信息。

信息分类有以下几种：位置组织、字母顺序组织、时间组织、类别组织和分层组织。每一种方法使信息产生一种不同的理解结果，针对不同的研究对象和传播受众，信息组织需要运用特定的方式进行。

以下为信息分类法简介：

1. 位置组织法：适用于调查和比较具有不同来源的信息。比如，对同一产品的各地市场的销售状况比较。

2. 字母顺序组织法：适用于大规模信息的组织，最典型的就是词典。在一般的产品设计表达中，这种方法应用性不高。在一些大型企业，建立数据库或标准技术资料应用到这种分类方法。

3. 时间组织法：根据行动或者活动的时间进行分类组织，比较适合产品设计程序的表达或对产品使用过程的表达。许多时候，要了解一项产品的发展方向，首先要研究产品的演进过程，通过对产品的技术、造型风格和功能演化等信息，按时间进程中的变化进行分类，可以揭示产品的发展趋势。

4. 类别组织法：在产品信息的调研阶段经常使用的分类方法，可以对不同的产品设计信息，比如产品的造型风格、功能特点、价格、营销方式、消费群体等设计的关键因素进行分类组织，通过相互比较，发现在表象后面具有普遍性的设计提示信息。在产品设计的前期分析中，对市场竞争产品的分析经常采用分类组织的方法。

5. 分层组织法：对于比较复杂的产品系统，该模式按照由重至轻、由大到小、由表及里的方式进行信息组织，

针对信息的分类安排，可以寻找一个大类，再根据大类继续向下分。比如，一个有关某品牌企业电脑产品的调研分析，可以先根据电脑大类将产品信息分成台式电脑、掌上电脑和笔记本电脑三大类，然后在每一个大类介绍中再根据电脑推出年份进行时间分类；也可以根据不同的设计风格进行分类，前卫型的设计放置一类，传统型的设计放置一类，典雅型、朴素型等各放置一类。这样，产品信息的介绍即全面又清晰。

以何种方式对设计因素分类，所揭示出的信息内涵是不同的，以对产品不同设计风格的不同分类方法为例（如图 2.3），可以说明以不同的性质或特征为分类基点的，对分析对象进行分类规整，产生的分析结果是不同的。

产品设计中经常采用的分类原则，是将对设计产生重要影响的因素作为分类的基点，从中分析出可以进行分类与比较的定位描述或关键词，将收集到的产品按其特征归类。通过对分类后的产品信息进行比较，设计师可以发现规律性的特征。产品设计专业对调研收集到基础商品信息进行分类的思考点，主要有这样几方面：

1. 从同类产品市场销售情况分类，以发现最具市场竞争力的商品特征。

2. 从同类产品售价及档次分类，以发现消费群体特征。

3. 从同类产品设计风格分类，以发现消费群体的爱好和愿望。

4. 从商品的品牌企业分类，以发现市场营销特征。

图 2.3　不同设计风格（关键词）所对应的产品分类

5. 从同类产品的技术、功能特点分类，以发现技术的发展趋势。

从市场竞争发展趋势来看，设计的成败主要取决于消费者的认同程度，尤其消费者对新设计的喜爱程度和购买愿望是最重要的因素，因此，设计信息的分类着眼点理应从消费者或消费群体的角度考虑。

要利用信息分类的方法获得有价值的设计资讯，应切实深人研究以何种信息属性作为分类的依据，这个分类属性应最能体现研究对象的核心。以对市场上消费者对某项产品的造型喜爱研究为例，可以有几种分类方法，其结果也是不尽相同的。

分类一：将所有市场上的同类产品按其造型的视觉特征分成对比关系的类别，如造型感柔软的与坚硬的、严谨的与趣味的、常规的与非常规的、复杂的与简洁的、小型的与大型的等，将这样分类结果与销售状况进行比对，设计师可以从中发现消费者喜爱的造型特征。

分类二：以消费群体的爱好和购买行为特征分类，如经典型、经济型、时尚型、保守型等，此种分类结果，可以为设计师指明市场定位设计所要参照的造型风格。

由于影响设计的因素很多，单用一种分类方法所获得的结果，很可能是偏颇和不全面的。负责任的做法是用多种分类法对基础信息作全面的比对，以对设计的相关因素及构成关系有较透彻的理解。要特别注意的是在每一次划分类别时，只使用一个划分标准，不同时使用两个或两个以上的划分标准，否则会出现划分后的类别互相交叉重叠的混乱现象。

第四节　设计表达的转化与重构

许多人有被某些书面文字类型信息困惑的经历，原因是缺乏必要的专业知识或表达的形式不容易被人理解。从信息传播的效率上看，对信息进行转化、重构，使之成为很容易为受众认知的信息形式，是非常重要的。现在电视、报纸、书籍上出现了许多与文章形式不同的表现方法，如分布图、走势图、数据对比表格等。

这些新的信息表达方式为我们理解信息的含义，提供了更便捷的途径。

美国著名信息设计专家 Richard Saul Wurman 著有《理解美国》一书，对美国的金融、经济、贸易、人口、教育、医疗、国防等国家与社会的全部状况，作了全面概括地介绍。书中内容的编排和处理手法非常新颖，没有过多的文字性描述和统计数据的罗列，对每项要表述的内容都精心设计了形象化的、引人注目的、有趣的艺术图形。通过对信息的转化与重构，使读者在轻松愉悦的心态下，自然地吸收知识，并在其有感染力的信息形式中体会表达形式的价值和作者的智慧。图 2.4.1 用有感染力的艺术形式，表现 COSTA 咖啡的品牌发展历程。

信息的转化与重构是针对一般化的信息表达方法，所经常出现的缺乏吸引力、认知困难和枯燥平庸的问题。通过“信息形式变换”将那些不易为人理解或缺乏感染力的信息，变换为可以帮助轻松理解和记忆的信息，以能够引人注意的、有趣的“信息形式”作用于人们的感觉器官，帮助人们注意到这些信息或者提醒注意这些信息，将平庸的陈述性信息转化为有吸引力的生动信息。

（一）设计信息的转化与重构

产品设计涉及大量的技术因素，这些因素对不同的接收对象是很重要的，因为设计的成败取决于对设计方案的广泛和细致的评价，但这些因素并不是很容易被接受和理解的。设计师应将对表述设计方案的复杂因素和相互之间的关系进行合理的转化与重构，使其以便于为信息受众理解的方式出现，服务于消费过程中所出现的问题，以情景化、漫画故事的表现手法，形象化地表达出来，比如说明一个虚拟的产品，使用者在一天的活动中在实现通讯、沟通、交流、展示等需求的过程中所遇到的困难，由此引申出新产品的设计定位。

品牌文化|消费市场
发　展　历　程

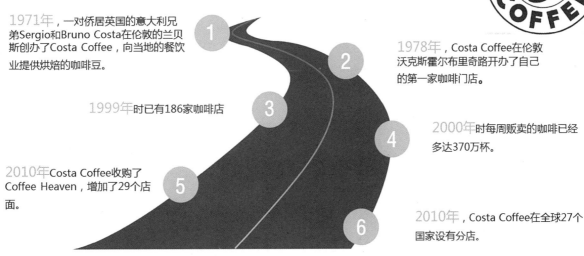

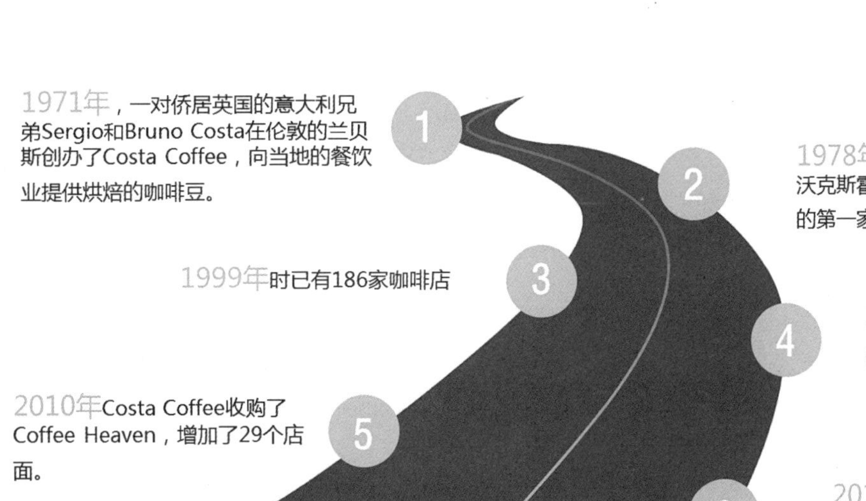

图 2.4.1　《Costa 品牌调研》（作者：王心怿　王文婕　张怡婷　　指导老师：郑昕怡）

（二）信息转化与重构的一般方法

1. 建立辅助认知的关联

人类认识新事物的习惯方法，是在头脑中调动与新事物近似的已知事物的知识和经验，来判断新事物的特征和属性。信息的转化、重构可以应用这个特性，在人们所熟悉的日常事务中，寻觅与要表达的内容具有相似属性的事物，要用此事物与要表达内容的关联，为信息设计适当的示意方式，这种方式可以激发阅读者调动已有的经验和认知模式，对新信息有深刻的认识和理解。

要消除信息对人们的压力，应将信息转化为更易于人们理解、认知的示意类型并重构信息组织。这是非常重要的一点，在信息高度膨胀的今天，许多人身处对信息的焦虑中，一方面，由于持续的信息压力产生的对信息厌烦和焦躁的情绪；另一方面，在迅速变化的信息冲击下，由对未来的担忧所产生的信息饥渴。在这种矛盾的情况下，人们接受信息的热望与抗拒信息的本能同时存在，要使信息收到好的传播效果，应该通过转化与重构赋予信息以轻松、易懂的认知方式。

好的信息设计师会把复杂的信息描述得很清楚，使它们能够被人理解。如果成功地做到了这一点，他们就可以被认为是优秀的信息设计师。

——Richard Saul Wurman

无论什么时候，只要我们在新旧事物之间建立一种和谐与联系，就会产生很大程度的吸引力，这是一种奇怪的情况，新的和旧的本身都不使人感兴趣，旧东面枯燥无味，新的东西没有吸引力……新事物中的旧事物是人们理解的基础，从而对新的事物产生兴趣。

——威廉·詹姆斯：《给教师的话》

2. 赋予信息有吸引力的形式

兴趣是人们理解和记住信息的重要因素，将信息转化为有特色的艺术形式，激发受众的获取信息的乐趣，并在学习中保持热情和注意力，是发挥信息价值的关键。现代社会中人们工作和学习承受着愈来愈大的信息吸引与压力，如果我们提供的信息内容是有价值的，但缺乏形式上的感染力，信息的效能也会减弱。因为人们很容易为其他有冲击力的信息所吸引。

生活告诉我这样一个道理：只要自己感兴趣，你就没有任何必要再去探求新的兴趣点，它们会自动来到你的身边，因为在你真心喜欢一件事情时，它总是会引领你走向别的事情。

——埃莉诺·罗斯福

人类最厉害的本能是传播信息，其次是抗拒信息。

——肯尼斯·格拉婷斯

3. 信息转化与重构成功的要点

美国的信息设计专家 Richard Saul Wurman 综合信息转化与重构的方式方法，总结出成功的信息转化与重构设计的七项要点。图 2.4.2 概括了要达到理想的信息转化效果的七个成功的要点，每个要点都是从信息接收者的角度提出来的。建议在对设计表达进行转化和重构时，以这七个要点来衡量我们的表达效果。

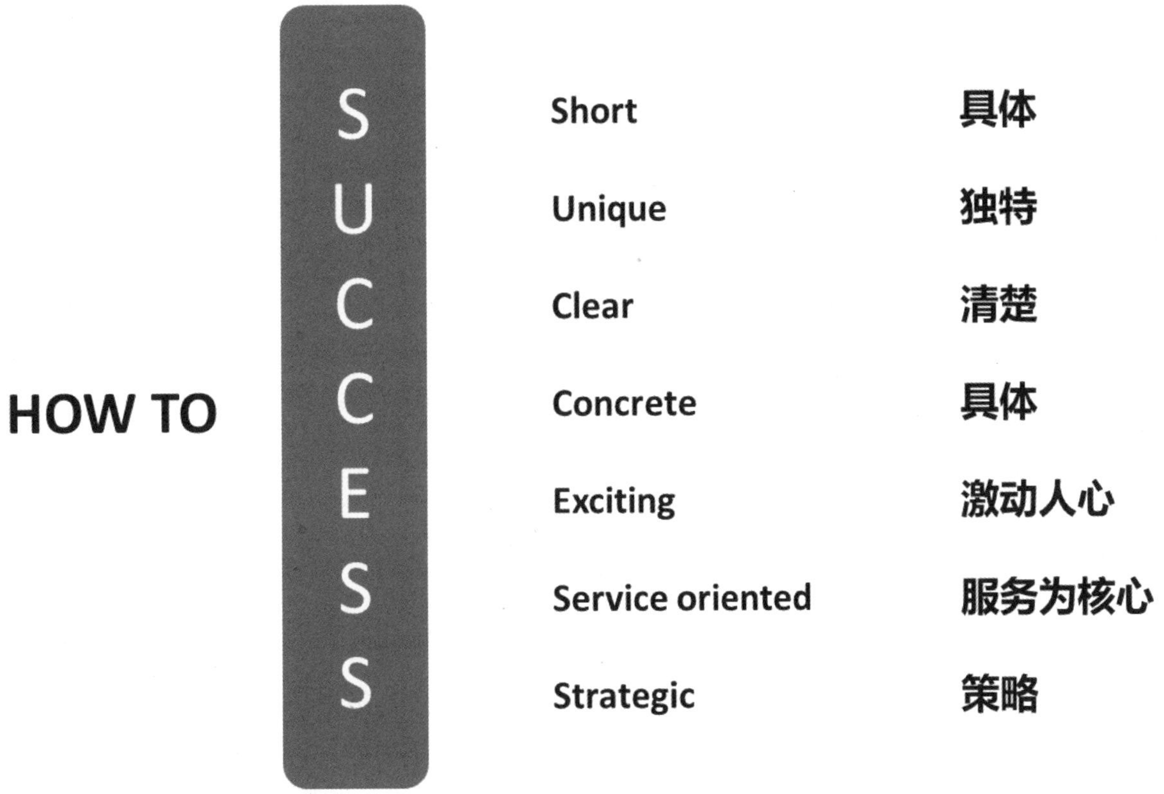

HOW TO SUCCESS

S	Short	具体
U	Unique	独特
C	Clear	清楚
C	Concrete	具体
E	Exciting	激动人心
S	Service oriented	服务为核心
S	Strategic	策略

图 2.4.2　信息转化与重构要点（引自 Richard Saul Wurman 著《信息饥渴》）

基础篇

第三章

设计综合表达的媒介

何谓表达的媒介？我们说人与人之间传递信息需要媒介，比如说语言、图画、音乐甚至于一个眼神，都可以成为我们传递信息的媒介。媒介就是人与人之间实现信息交流的中介，简单的说，就是信息的载体。

媒介在字典中的解释为：使双方（人或事物）发生关系的人或事物。媒介一词，最早见于《旧唐书·张行成传》："观古今用人，必因媒介。"在这里，"媒介"是指使双方发生关系的人或事物。其中，"媒"字，在先秦时期是指媒人，后引申为事物发生的诱因。《诗·卫风·氓》："匪我愆期，子无良媒。"《文中子·魏相》："见誉而喜者，佞之媒也。"而"介"字，则一直是指居于两者之间的中介或工具。德弗勒也从广义的层面建构媒介："媒介可以是任何一种用来传播人类意识的载体或一组安排有序的载体。"即便是在狭义的层面上，对媒介的认识也有分歧。有时它与符号混淆："媒介是指承载并传递信息的物理形式，包括物质实体和物理能。前者如语言、文字、书刊、广播、电视、电话、电报、传播器材等；后者如声波、光、电波等。"浙江大学新闻传媒学院教授邵培仁则认为，媒介它包括书籍、报纸、杂志、广播、电视、电影、网络等及其生产、传播机构。综上所述，媒介即介于传播者与受传者之间的用以负载、传递、延伸特定符号和信息的物质载体。

由于信息最本质的概念是客观事物属性的表面特征，其表现方式是多种多样的，因此，媒介即信息。

这里主要是指文字、图形、图像、声音等人的器官能直接感受和理解的信息。我们可以将自然界和人类社会原始信息存在的数据、文字、有声的语言、音响、绘画、动画、图像等，归结为五种最基本的媒介：文字媒介、图像媒介、造型媒介、影音媒介、体验媒介。（图 3.1.1）

下面我们分别从文字、图像、造型、影音以及体验这五个层面，来了解一下在设计阶段会使用到的媒介工具。

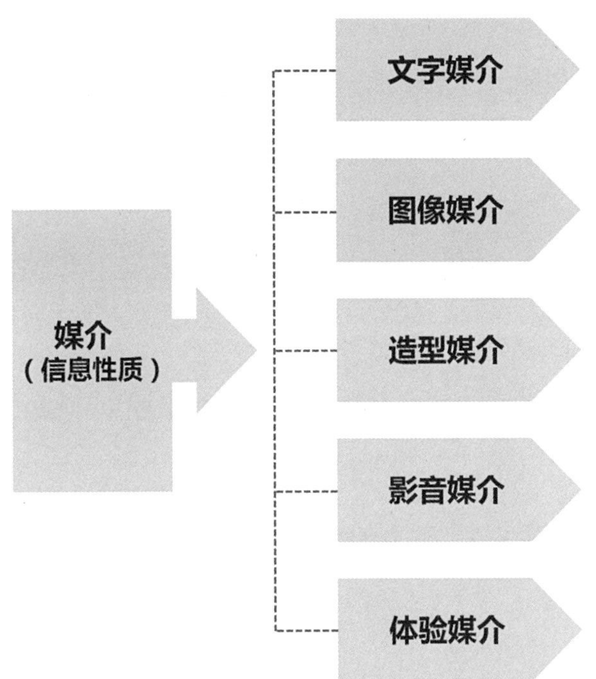

图 3.1.1　五种媒介工具

第一节　文字媒介

文字是记载历史、传播文化、表达观念和意见的媒介和工具，是人类生产实践的产物。它是现实生活中使用最多的信息存储和传递方式。用文字表达信息能给人充分的想象空间。它主要用于对知识的描述性表达，如阐述概念、定义、原理和问题等内容。在设计综合表达中，文字媒介的使用频率非常高。在不同的设计阶段，会采用不同的文字媒介表达方式，比如：设计立项说明、产品市场调研报告、产品概念阐述、产品设计说明等。在设计表达中，文字表达重点在于围绕设计的核心概念，对相应设计信息进行分析研究，并且对具体资料收集整理，归纳总结出设计方案的发展方向或趋势，以及设计问题解决的手段方法等，最后撰写成具有易读性可操作性的文案。文案表达要求简练突出重点，详实生动。文案表达可以是抽象的观念，比如人们的思想观念、信念理想和人生价值等，也可以是具体的行为习惯，比如人们对于某些商品品牌的喜爱，购物的行为习惯等。文字媒介是设计表达的基础，无论是通过纸张版面阅读文字媒介，还是通过设计发表观看文字媒介的口头陈述，都是起到将整个设计表达进行有机串联的作用，让整个设计表达，能够按照有条理的逻辑思路进行展开。但是，文字媒介也有其局限性，作为一种最普遍的信息表达媒介，文字媒介是一种抽象媒介，是无形的，信息传达无法做到一看即懂的直观表达。且对于设计者和用户双方来说，文字媒介的门槛较高——对设计者来说，需要

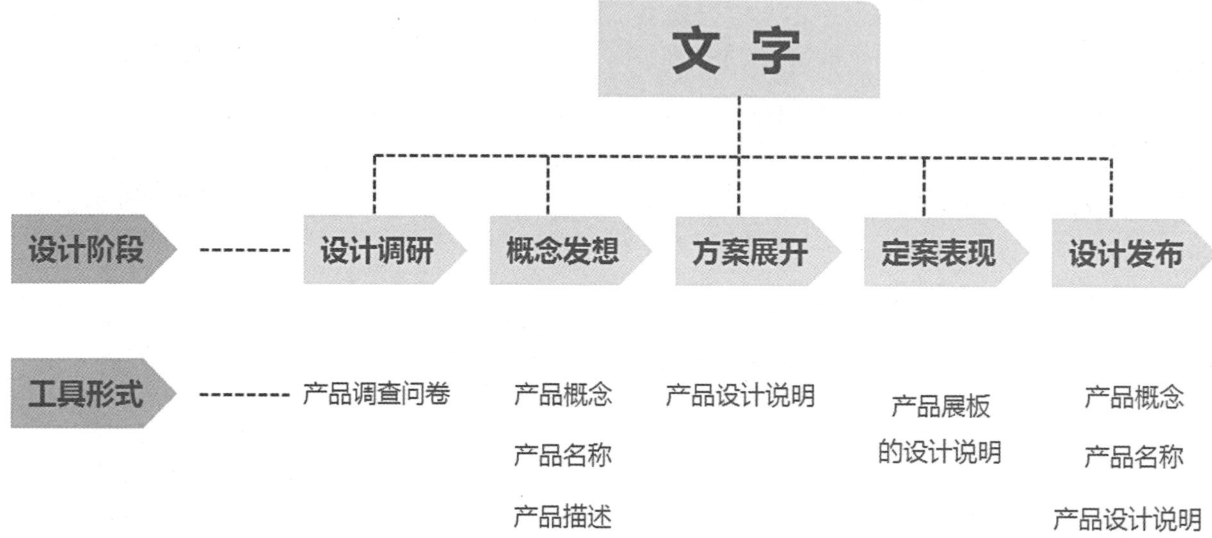

图 3.1.2 文字媒介工具形式

有相当良好的文学功底，才能将复杂的设计思路和概念核心以精简平实的文字进行阐述，而在做口头表达时，更需要陈述者具有良好的心理素质和娴熟的演讲技巧；作为用户，在阅读和聆听时至少需要具备一定的文化素养以及基本的专业常识，才能理解设计方案的基本信息内容。在产品设计的不同阶段，会采用不同的文字表达形式，包括产品调研问卷、产品概念、产品名称、产品描述、产品设计说明等（图 3.1.2）。

（一）产品概念

产品概念反映产品的本质属性，常常透过一句话、一种色彩或是一个图形表达出来。产品概念不是从天上掉下来的，也不是头脑中固有的，它的来源包括观念、宗教信仰、知识体系、经历经验、心理特征等。

如何定义产品概念呢？产品概念是产品表达的基础和关键依据，具有指导方向和预定目标的意义。一般来说产品概念从形式上要精简为一句口号，其内容取决于产品的核心价值。在市场营销理论中，把产品和服务分为四个层次：核心层次、有形层次，附加层次、潜在层次（图 3.1.3）。其中核心层次也可以理解为核心产品或者核心利益。产品的核心价值来自于核心产品，核心产品是产品最基本最主要的部分，是顾客真正要购买的东西，也是消费者购买某种产品时所追求的核心利益，即这个产品到底是提供何种服务、满足何种需求的。他解决了购买者究竟购买的是什么。所以在设计产品时，必须首先定义其核心价值。消费者购买某种产品，并不是为了占有或获得产品本身，而是为了获得能满足某种需要的效用或利益。所以确立核心价值是制定产品概念的根本出发点（图 3.1.4）。产品的核心价值一般分为三个层次：一、满足用户生理层面的需求，诸如产品的功能、结构、性能等；二、满足用户心理层次的需求，诸如产品的趣味性、生活理念、风格化等；三、满足用户社会文化层面的需求点，诸如产品的文化性、社会意识、历史性等。日本无印良品的产品概念就贯穿于整个产品品牌（图 3.1.5）。无印在日文中是没有花纹的意思，日本店名“无印”意为无品牌。然而靠着清一色无华简朴及还原商品本质的讲究手法，低调的无印良品反而成为闻名世界的无品牌。所谓良品计划是指将衣物、日用品、食品等商品，统一于一个理念之下推向市场。早在浮华夸张的 20 世纪 80 年代，无印良品就提出相当前卫的主张，提醒人们去欣赏原始的素材和质料的美感。以多为美的加法美学潮流盛行之时，无印良品却反其道而行之，不断地减去与消除，如拿掉包装，去除一切不需要的包装，简单到只剩下素材和功能本身。“重精神，玩简约”，成为无印良品成功由产品升华至文化层面的根源所在。更重要的是当无印良品一出道即以中产阶级为主要对象的策略，成功地给自身塑造了一个有品位的文化形象。小众的形象才是今日追求 Life Style 的雅皮士所爱。无印良品的所有产品就是在“无印”这

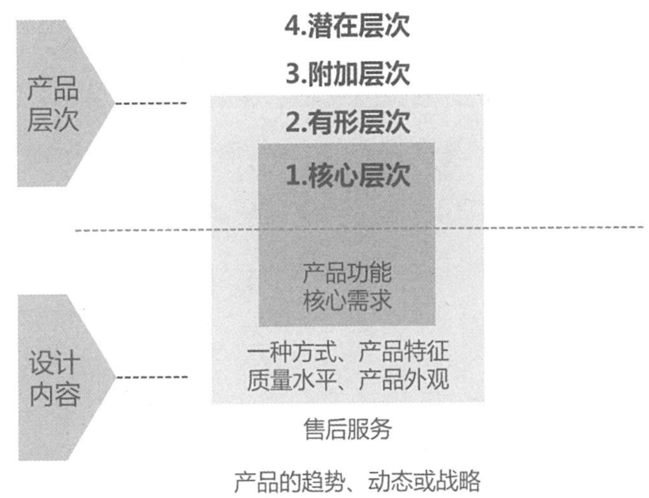

图 3.1.3　产品的整体层次

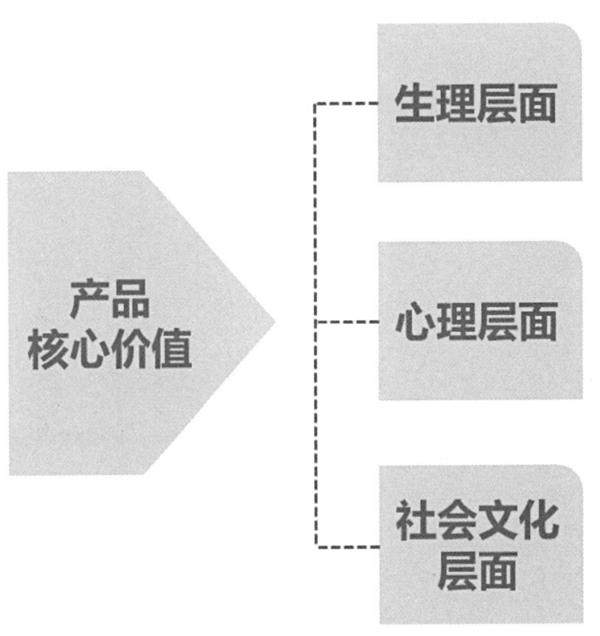

图 3.1.4　产品的核心价值层面

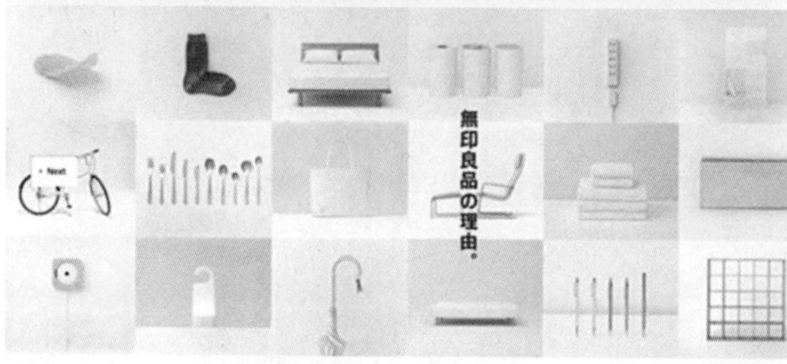

图 3.1.5　无印良品的品牌核心价值
（图片来源：日本无印良品官网）

个产品概念下产生的，可以说产品概念是一切产品的开始，从本质上传达着产品的设计理念。

（二）产品名称

正如我们每个人都有名字，产品也有自己的名称。恰当的名字可以精炼地体现产品的概念，并且在琳琅满目的产品中给消费者留下深刻的印象，例如宝马的 MINI，保时捷的 GT，佳能的 IXUS 系列、贵族系列、金刚系列等，每件产品都有自己特有的名称。“Lucellino”是德国设计师 Ingo Maurer 在 1992 年的代表作品：一颗颗带有小鸟翅膀的灯泡，以一种充满感情与逗趣儿的姿态出现，颠覆了传统设计，令人会心一笑。“Lucellino”这个命名不但是文字描述，也说明了它的造型（在意大利文中“Luce” 是“光”的意思，“Cellino”则是小鸟的意思）。这盏“飞翔的小鸟”缠着光线，功能性地将日常生活空间照亮，也创造出人们遨游光际的想象世界（图 3.1.6）。

产品的命名本着以下几个原则：首先产品名称源自于产品的概念，是对产品概念的浓缩和提炼。例如苹果名称的最初由来就是为了纪念伟大的物理学家艾萨克·牛顿，他在被一个苹果砸中后，发现了富有革命性的万有引力定律，这种革命性的发现也正暗示着苹果产品的革命性。而由于苹果公司以及史蒂夫·乔布斯本人的特立独行，苹果这一名称又被赋予了更多文化含义，比如《圣经》中被亚当夏娃咬过一口的苹果；以及被誉为计算机之父的艾兰·图灵临终前咬过的苹果等等。这些文化标签与定义，已远远超出当初那个最为常见的水果符号所代表的原始意义，发生了符号意义的衍生。因此当人们现在提到苹果时，头脑中会浮现出两种形象，一个是常见的水果，另一个则是当下最炙手可热的经典品牌。最后，好的产品名称必须要简洁、易读、易记、易写，繁琐而晦涩的产品名称不便于用户的记忆以及信息的传达。

（三）产品描述

产品描述是指用简练概括的语言，描述产品的目标用户、产品功能、性能、造型、市场价值等相关信息。

一般情况下，产品描述由客户提供，也可以由设计师提出。产品描述通常需要回答图 3.1.7 提出的 7 个问题——5W2H 法则。

在这里我们通常会使用关键词概括法，通过关键词将产品的相关信息展现出来，并且会运用拟人化的描述方法，将产品信息生动地描述出来，让读者快速并轻松的了解设计者的想法与设计意图。

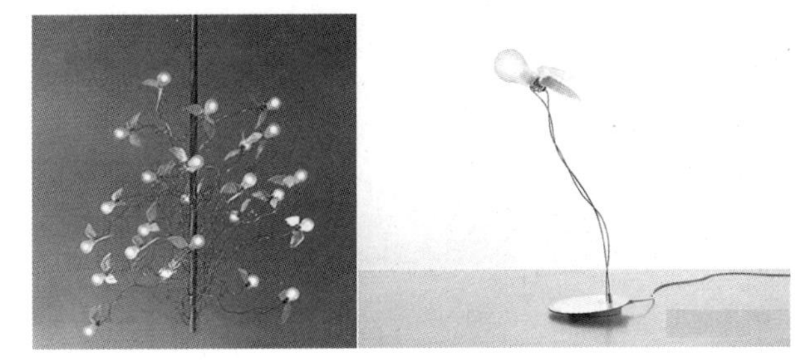

图 3.1.6 <Lucellino> 设计：Ingo Maurer

（四）产品调研问卷

产品调研问卷是指围绕产品用户的需求调研设计的问卷。产品调研问卷的文字表达最重要的是准确，问题设计要明确，描述要清晰，避免误导性。一般来说，产品设计前期调研问卷包括用户调研和产品调研。以抽油烟机的的调查问卷为例，我们可以清楚的了解调查问卷中问题所侧重不同方面（如图 3.1.8）。

产品调研的文字表述是非常灵活的，有许多提问的方式。封闭型调查问卷包括了所有可能的答案，只需从中选择即可。例子包括了多选问题和尺度问题。开放性问卷允许被访问者用他们自己的语言回答。在一个微波炉使用情况的调查问卷中，“美的”微波炉可能仅仅问：“您认为‘美的’微波炉怎么样呢？”或者它可能让人们完成一个句子：“当我选择一个微波炉时主要的考虑是……”这些及其他类似的开放式的问题通常都揭示了比封闭式问题更多的答案，因为被访问者没有被局限在他们给定的答案中。当调研人员想要知道人们是怎么想的，而不是仅仅测试有多少人以这种方式来想的时候，开放式问题尤其有用。但另一方面，封闭性问题提供了更容易解释的答案。

文字表述在问题设计中也要注意用词和逻辑顺序。应该使用简单直接、没有歧义的语言，问题应该按一种逻辑顺序编排。如果可能的话，第一个问题应该引起人们的兴趣，容易回答的或者私人性的问题应该最后问，这样人们才不会形成抵触心理。

产品描述
WHAT
设计什么产品，产品是什么
WHO
为谁而设计，产品的用户是谁
WHY
为什么设计，满足怎样的用户需求
WHEN
何时使用，使用的时间，时段，季节
WHERE
在哪里使用，使用地区，地域及场所
HOW
如何设计
HOW MUCH
产品价位，市场价值

图 3.1.7 产品描述 5W2H 法则

1. 个人背景资料

性别
年龄
教育
职业
收入

由于居民的购买力来源于收入所以居民收入的多少是决定居民购买力大小的主要因素,通过对其教育背景及职业的调查也大致了解居民的收入及文化程度。

2.居住环境

住房与厨房类型
厨房面积
室内地面材料
装修风格
装修色彩

对于消费者居住环境的调查有利于了解消费者居住的情况，从而在以后设计抽油烟机时考虑到与抽油烟机周围的环境相适应。

3. 饮食

是否经常在家吃饭
中餐or西餐
谁是下厨者？

通过对消费者的饮食习惯的调查，从而了解消费者用油烟机的多少，通过对各个家庭下厨者的调查，从而有利于从下厨者方面去考虑。

4. 审美

审美喜好

了解消费者的审美喜好，从而考虑抽油烟机造型设计。

5. 爱好

休闲娱乐方式
感兴趣的信息

了解消费者的休闲娱乐方式及其感兴趣的信息口，从而可以通过这些方面令消费者更加深入了解抽油烟机，推广品牌。

6. 媒体接触习惯

获得油烟机信息的渠道

通过了解抽油烟机信息为人们所获得的渠道，从而找出合适的促销广告途径。

1. 产品类型

从风格上区分
从集烟罩的深浅分
从吸烟口位置
从安装位置区分

产品的外观可以一下抓住消费者的心，而第一感觉是非常重要的。了解消费者心目中理想抽油烟机类型，从而可以设计出更符合消费者需要的产品。

2. 产品价格

高收入人群的价格定位
中高收入的价格定位
中等收入的价格定位

产品的价格影响着产品的销售，了解消费者的收入及可接受的价位，从而设计出符合该价位的抽油烟机，并为后期主打产品的选定做参考。

3. 产品尺寸

长度
宽度
高度

产品的尺寸不仅影响着大小及是否符合厨房的要求，同时它也影响着外观感觉。

4. 产品材质与色彩

材质
色彩
某些特定细节

了解消费者喜爱的产品色彩与材质才能设计出他们最需要的。

5. 产品功能

新的功能需求

现代社会结构与关系的变化势必带来功能需求的变化。了解消费者新的需求是十分必要的。

1. 产品使用与清洗

使用
清洗

对消费者在使用吸油烟机的过程中所出现的问题进行全面的了解,从而为提出改进型的设计作指导。

2. 产品安装

使用者方面
装配与维修人员

吸油烟机的安装不仅取决于消费者要求,更多取决于安装条件。通过问卷的调查了解使用者及装配维修人员的情况,从而设计出使用方便,维修方便的产品。

3. 产品包装与回收

包装
回收

1.抽油烟机的包装盒不仅占地方而且影响家里的美观。了解消费者对于包装盒的处理的方法与建议,可以为后期包装盒的设计作指导。
2.适当的采取回收策略不仅环保，而且企业也可以省下了不少的成本。

4. 产品销售与服务

销售中
售后服务

销售态度及售后服务也极大的影响着产品的销售状况。

5. 综合服务与市场品牌调研

需求动机
品牌

1.人们的购买动机常常是有那些最紧迫的需要决定的，购买动机又是可以应用一些相应的手段来诱发的。对顾客购买抽油烟机动机的调查，其目的主要是弄清楚购买抽油烟机动机产生的各种原因，深入了解各种动机的比例以便采取相应的诱导措施。
2.品牌对于产品的销售量是毋庸置疑的，好的品牌自然有好的销售。

图 3.1.8 调查问卷所侧重的不同方面的问题 （图片来源：网络 ）

（五）产品展板的设计说明

产品展板的设计说明是指用简明扼要的文字，把产品的设计亮点、设计理念、产品特点、产品性能和功能、使用方式及步骤阐述清楚。

产品展板一般包括三大部分：

（1）产品背景说明展板；

（2）产品理念说明展板；

（3）产品设计特点及使用说明展板。

在产品背景说明展板中，主要针对产品设计的相关背景进行分析和说明，包括设计的社会背景、时代背景、用户需求背景、产品使用发展背景。用户需求源泉是核心，一切产品设计都来自于用户的需求，没有用户需求，即没有市场潜在价值的物品不能够称之为产品。用户没有需求，不需要这件物品，那么为什么要投入资源去创造它呢？所以说，我们在阐述产品背景的时候要一切以用户需求为中心，从需求的角度去阐述设计这件产品的缘由，将产品的概念描述出来，主要阐释这是一件怎样的产品（见图 3.1.7 产品描述的内容：5W2H 法则）。在这里可以结合图示，表达效果会更好。在产品理念说明展板中，主要阐述产品的核心设计理念、设计亮点和产品特点。在产品设计特点及使用说明展板中，主要阐述产品的性能、功能、使用方式及步骤等（图 3.1.9）。

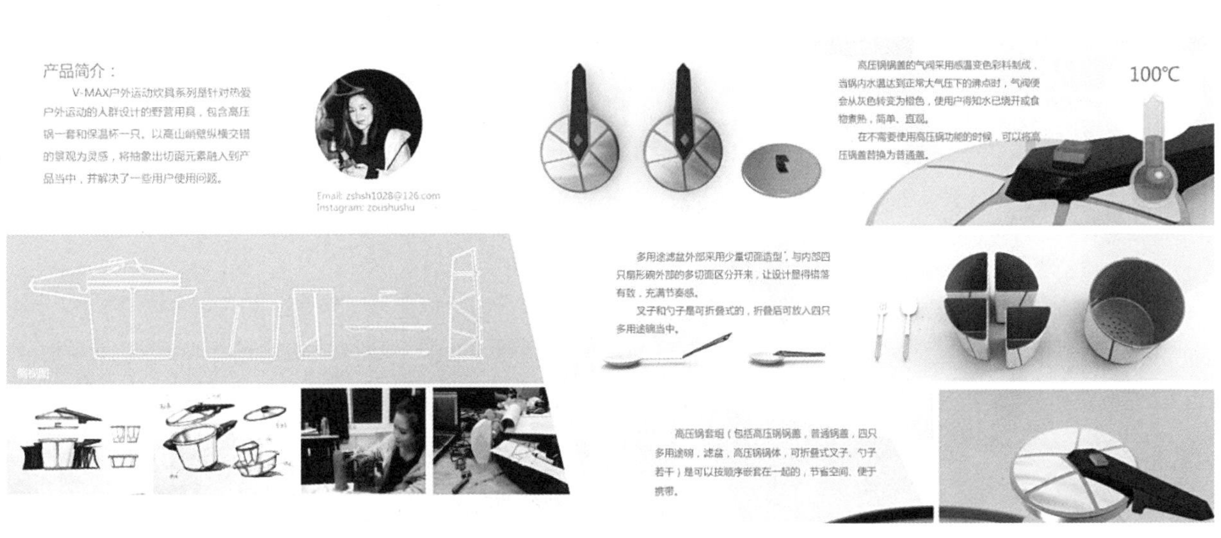

图 3.1.9　《V-MAX 户外运动炊具系列》（设计：邹姝淑　指导老师：霍春晓　郑昕怡）

第二节　图像媒介

相较于文字媒介，图像媒介高效直观的优势不言而喻。一篇长篇大论的文字信息，往往只需要借助一张图片就能够清晰传达。在阅读速度上，图像也是一目了然，而文字则需要逐行阅读。因此对于视觉信息的传达，图像的信息容量往往是文字信息的数百倍。图像也是最容易识别和记忆的视觉语言。视觉信息如果没有使受众形成记忆，其传达就等于无效，而记忆的基础首先是识别。图像是由形状、色彩、风格、形式等多种因素构成的，其独立的视觉特征使它成为最易识别和记忆的视觉语言。图像也是超越国度障碍的世界性语言。可以不受国际、民族、语言差别以及文化程度的影响，其传播范围要比文字更加广泛。图像也是最具情绪感染力的视觉语言。图像是形象性、生动性以及特有的心理刺激作用，综合起来可以传达许多意会但不可言传的信息内容。因此对于设计师来说，图像是能够最直观呈现设计者设计意图的表达媒介，而且这种呈现方式简单易行，无需复杂的设备和环境支持。图像媒介在设计表达中的使用频率最高，产品调研图片、概念发想图片（故事板、情绪板）、手绘草图、产品效果图、结构图、爆炸图、三视图以及产品模型照片等。照片，图形、图像这些都可以被看作是设计综合表达中的图像媒介。图像是最简洁最迅速的视觉信息传达语言。

（一）设计调研图片

产品调研图片，主要包括调研报告所用的用户图片、产品图片和调研分析图表。图片的运用会使得调研报告的信息传达更加生动，并且图片的选择和使用有着一定的原则。

用户图片的选择要注意以下几点：

选择产品概念所针对的典型用户。例如在老年人手机设计中使用中年人操作手机的图片，这样的用户图片是没有价值的，用户必须是典型用户，才具有说服力和信服力，不然会适得其反。

用户图片类型包括用户近照、用户使用产品的场景图片和用户的日常生活图片。三类图片的作用各不相同，用户近照一般会伴随用户基本信息出现，用户使用产品的场景图片通常会与人机交互研究相结合，用户的日常生活图片用于用户生活习惯的研究分析（图 3.2.2）。

用户图片最好是对典型用户的第一图像采集。这样的图片资料更具有说服性，可以增加调研报告的真实性和可靠性（图 3.2.2）。

产品图片一般用于产品分析与市场分析部分。产品图片的选择要注意以下几点：（1）在作产品比较时，不同产品的图片需要采用统一的透视角度和比例尺度，便于产品的客观比较。调研用产品图片为了保证其真实性，一般会采用产品实物照片，不会使用产品效果图、产品草图等虚拟图像（图 3.2.2）。

调研分析图表的使用，可以直观地把调研分析结果展现给人们，图表类型主要包括示意图表、统计图表、计算图表、地图。不同的图表在表达作用上有所不同。示意图表主要用来表达物与物之间的关系，形式上可采用树形结构、人与动物的结构、物器结构、原子结构、解剖图和抽象结构来表示。统计图表主要用来表达数据分析、比例分析和趋势分析，形式上可采用表格类图表、坐标类图表、条块类图表、圆形类图表和地图类图表（图 3.2.2）。计算图表主要表达时间段概念，形式上可采用计时器图表和日历图表。地图主要用来表达地区范围，形式上可采用一般地图、专用地图、统计地图和示意地图。

（二）产品设计草图

产品设计草图是表达设计构思的非正式设计图。在设计初期，设计师以快速勾勒方式，及时将头脑中的设计构思和创意，用线条、色彩和形象符号画在图纸上，表现和传达其设计在设计过程中。设计草图往往能及时记录设计师瞬间产生的灵感，在创造过程中捕捉和表现设计构思的重要手段。设计师可以随时加以修正和变化。在设计草图的基础上，设计师可以更加方便地进行推敲，逐步完善设计构思，使设计草图成为正式设计效果图的依据。根据设计发想阶段与表

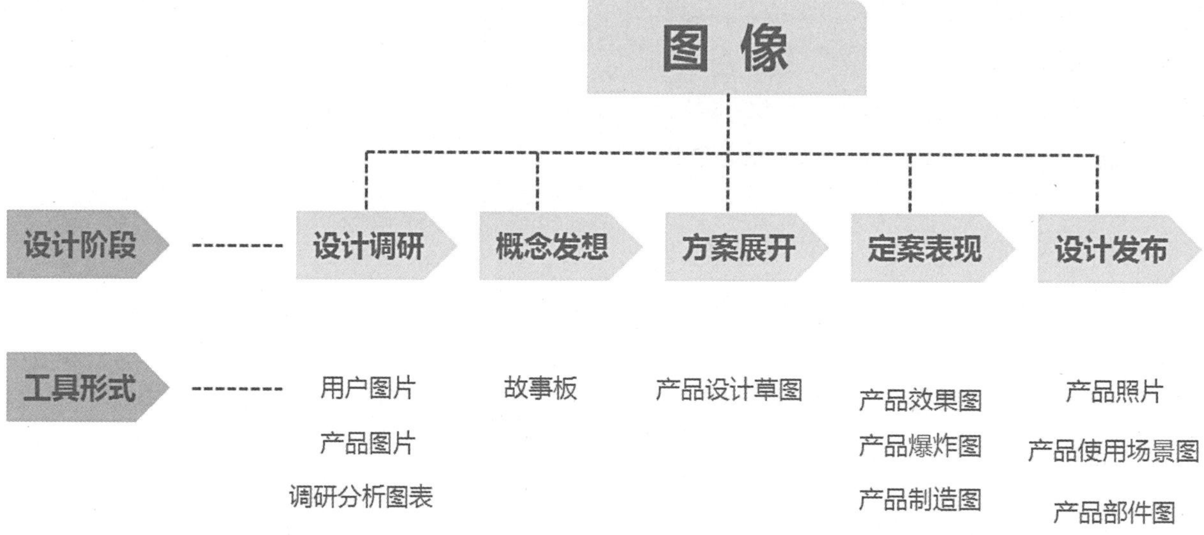

图 3.2.1 图像媒介工具

图 3.2.2 典型用户图、产品使用场景图、产品图片、统计图表

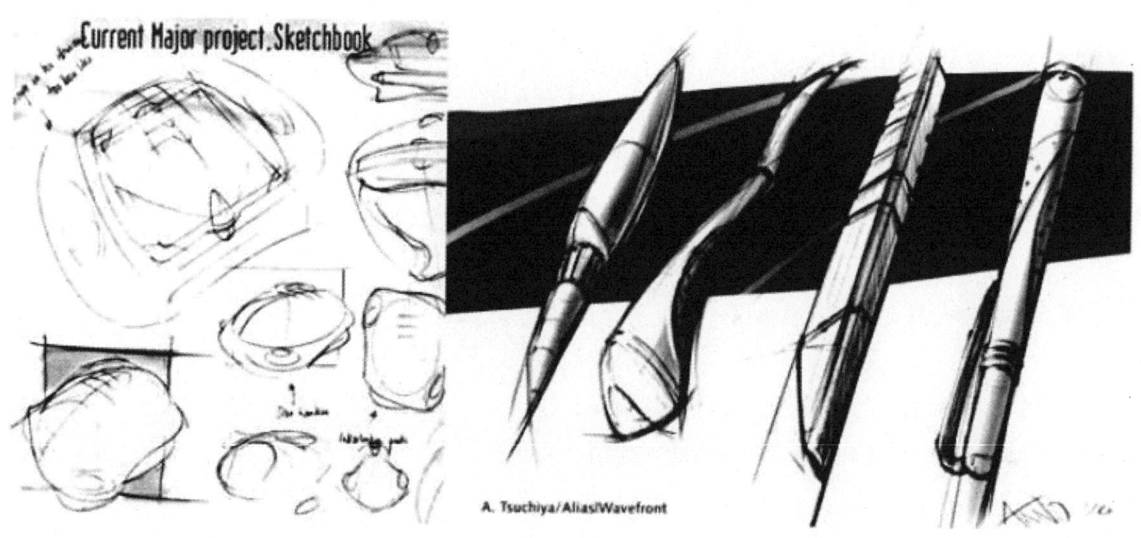

图 3.2.3 概念性草图 （图片来源：网络）

达目的，设计草图可以分为概念性草图、理解性草图、结构性草图、效果草图（如图 3.2.3—3.2.6）。

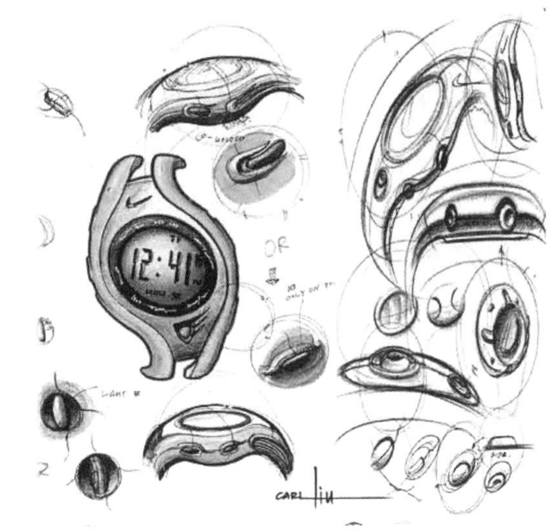

图 3.2.4　理解性草图（图片来源：网络）

（三）设计推广图片

设计推广图片一般包括：其一，产品照片特写，在图片方面应力求拍摄角度美观，以获得消费者的喜爱，要将产品特写和产品细节照片结合使用，以全面展示产品。其二，使用场景图，结合产品的使用场景，突出产品的性能和亮点。产品使用场景图要生动地营造出一种美好的使用情境。一般会采用彩色形式，为的是让产品展示更具有真实性，使用户有一种真切的置身环境体验以及了解产品信息的感受。其三，产品部件图，用来展示产品的功能部件，对于在使用过程中需要分解使用的产品，会运用产品爆炸图。其四，产品操作示意图，用来辅助产品功能说明，通常也采用黑白线稿或单色线稿图，表达清晰明了。

当然，图像媒介作为一种静态二维的呈现方式，仍然无法全方位立体地展示产品的所有特征，因此除了抽象的文字媒介以及具象的图像媒介，设计表达还需要更加立体的表达媒介类型。

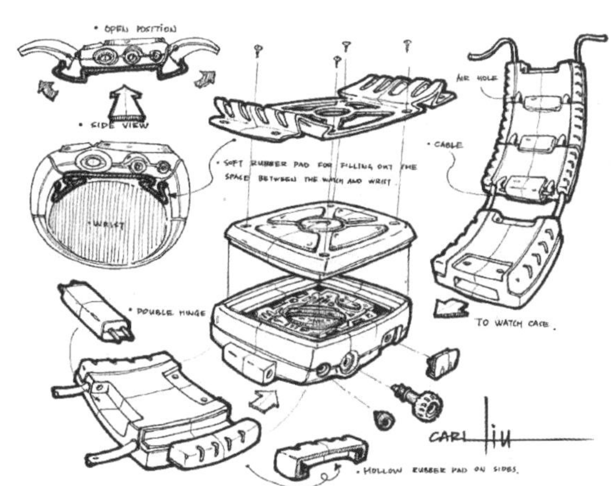

图 3.2.5　结构性草图　（图片来源：网络）

图 3.2.6　效果草图　（图片来源：网络）

第三节 造型媒介

不同于文字的抽象、图像的平面化，客观实在的三维造型，呈现的是最能体现产品形态特征的表达方式了。利用不同材料、工具和加工方法，将产品设计构思表现为具有三维立体形态的实体。这种实体呈现方式可以将形态设计中，诸如线面转折的过度关系、细部与整体的协调关系、以及外部形态与内部构造的关系，更加直观可感化，而这种直观可感的立体表达特征是文字和图像媒介所不具备的。除了形态，以三维实体表达产品的尺度大小、色彩、材质肌理等设计特征也会更为直观、真实；近距离的观察、触摸甚至操作。也会使用户对于产品特征信息产生更加全面深入的了解。而对于设计者来说，真实三维造型媒介的呈现。也能够更好的检验设计方案中的问题，因为有很多形态关系，造型细节以及人机尺度问题在二维世界的图片和电脑中是无法完全显露出来的。造型媒介是连接虚拟设计方案与真实世界之间的桥梁，通过这个桥梁，设计师不断发现问题，改正问题，最终获得更趋完美更符合现实世界需求的设计方案。造型媒介在产品设计表达中主要包括产品模型或产品实物。

图 3.2.7 产品效果图 （图片来源：网络）

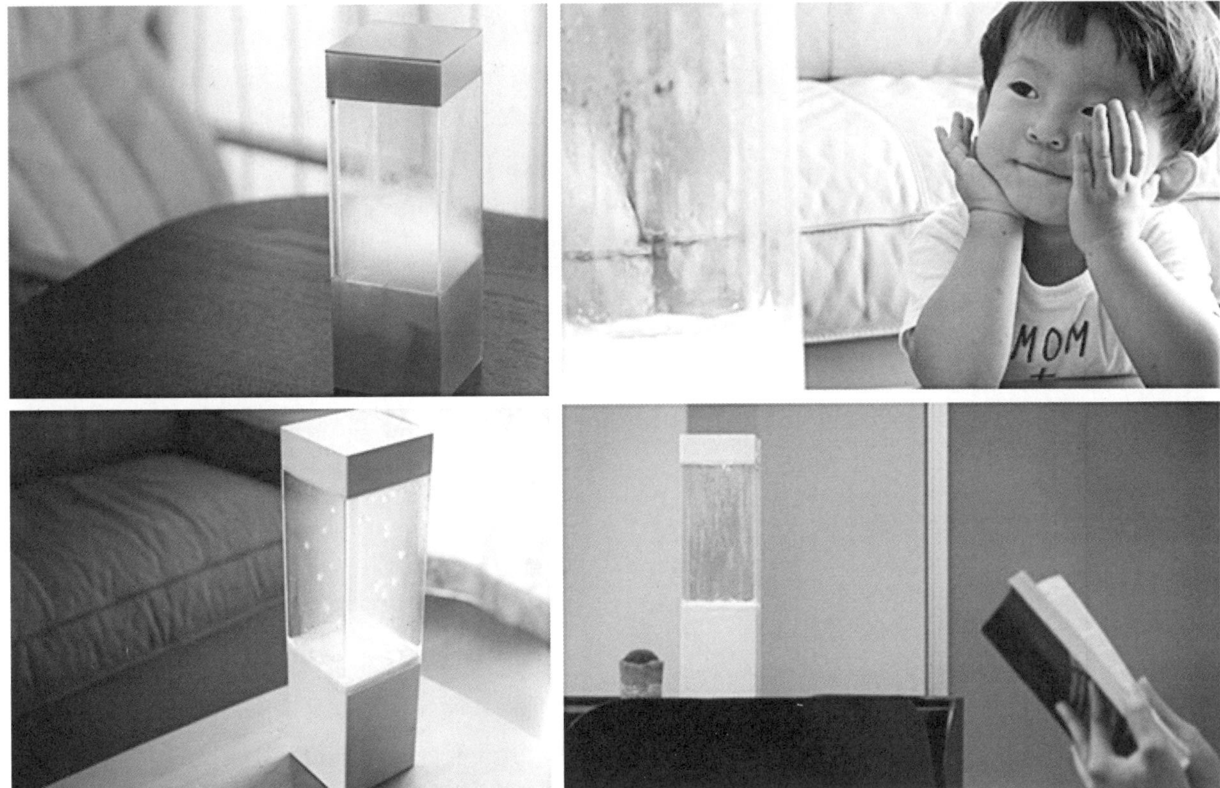

图 3.2.8　产品使用场景图　（图片来源：网络）

图 3.2.8　产品爆炸图　（图片来源：网络）

图 3.2.8　产品使用说明图　（图片来源：网络）

（一）产品模型

产品模型利用不同的材料、工具和加工方法，将产品设计构思表现为具有三维立体形态的实体。通过产品模型的设计和制作，可不断推敲造型设计中遇到的各种问题，如线而转折的过波关系，细部与胜体的协调关系，外观形态与内部结构的关系等，不断从模型中理解产品的设计意图，把握产品设计的方向，进一步发展和完善设计构思，调整修改设计方案，检验设计方案的合理性。产品模型是产品设计中的重要环节，具有以下特点：（1）以三维形体充分表现设计构思，展示产品的形态、结构、尺度、色彩、肌理、材质；（2）通过感官的实际触摸可检验产品造型与人机的相适应件、操作性和环境关系，进而获得合理的人机效果；（3）为设计交流提供一种实际语言，利于研讨、分析、协调和决策；（4）为产品投产提供依据，如产品性能测试，确定加工成型方法和工艺条件、材料选择、生产成本及周期预测、市场前景分析及广告宣传等，从而确定生产目标。

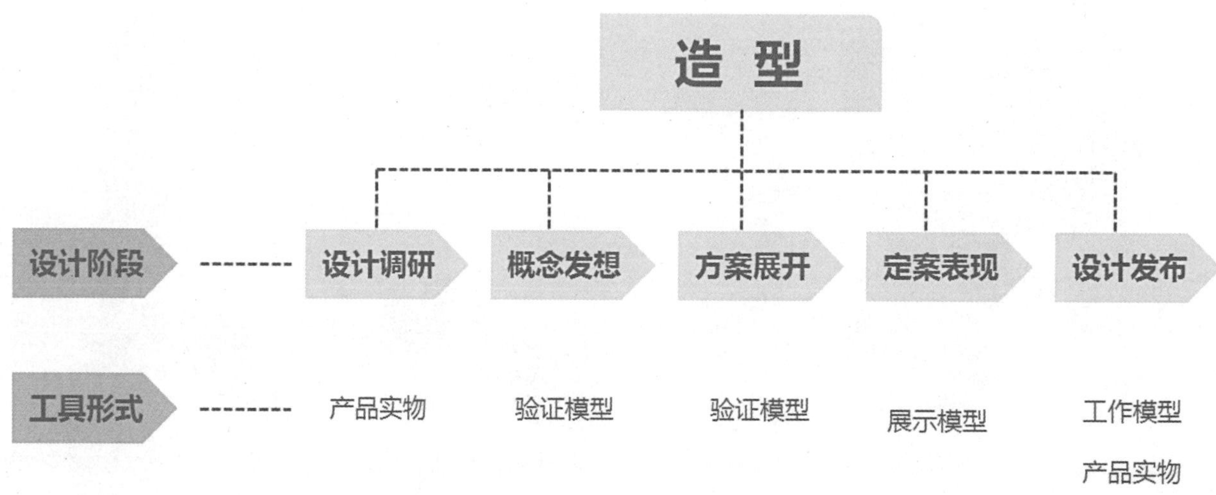

图 3.3.1　造型媒介工具

产品模型种类较多，按功能和作用可分为研究模型、展示模型和工作模型，按比例大小可分为原尺模型和比例模型（包括放大比例模型和缩小比例模型〉。产品模型的制作材料有黏土、油泥、石料、纸板、木材、塑料（ABS、打机玻璃、聚氯乙烯等）、发泡塑料、玻璃钢、金属等

1. 验证模型

一般在产品概念发想和方案发想阶段使用，又称草案模型、粗制模彻、构坻模型或速写模型等。作为设计初期设计者自我研究、推敲和发展构建的手段，验证模型多用来研讨产品的形态、尺度、比例和体面关系。研究模型注重产品整体的造型，而不过多追求细部的刻画。针对某一设计方案，可以有多种不同构思的研究模型，供分析、比较、选择和综合。研究模型多采用易加工成型，易反复修改的材料制作，如黏土、油泥、纸板、发泡塑料等，也可用尺寸形状类似的现成产品拆改、组合加工而成。对于小型产品的模型，可制成 1:1 的原尺模型；对于大型产品的模型，则按适当比例缩小制成缩尺模型。

2. 展示模型

展示模型一般在产品定案表现阶段使用，又称外观模型、仿真模型或方案模型。展示模型通常是在设计方案基本确定后，按所确定的形态、尺寸、色彩、质感及表面处理等要求精细制作而成的，其外观与成品有相似的视觉效果，但并不反映成品的内部结构。根据要求可制成原尺模型或比例模型，供设计委托方、生产厂家及有关设计人员审定、抉择。展示模型外观逼真，真实感强，为研究人机关系、造型结构、制作工艺、装饰效果、展示宣传及市场调研等提供了完美的立体形象。制作展示模型的材料，通常选择加工性好的油泥、石音、木材、塑料及金属等。

3. 工作模型

一般在产品发布阶段使用，又称功能模型或样机模型。工作模型严格按设计要求制作使用的功能。其外观处理效果、内部结构和机电操作性能都力求与成

图3.3.2 形态验证模型 （图片来源：网络）

图 3.3.3 展示模型 （图片来源：网络）

品一致，因而在选用材料、结构方式、工艺方法、表面装饰等方面都应以批量生产要求为依据，以便于研究和测试产品结构、技术性能、工艺条件及人机关系。

（二）产品实物

产品实物主要用于设计调研阶段和产品发布阶段。在设计调研阶段，产品实物主要是与设计项目有关的同类产品，而在产品发布阶段，产品实物分为产品模型和批量产品，主要出现于销售空间和展示展览空间中。产品模型在这里指展示模型，主要用于产品销售场所的产品视觉展示，例如手机销售柜台中的手机实物，出于安全考虑，大部分采用的是产品展示模型。另一种则是批量产品，主要用于直接与用户接触，是用户购买的最终产品实物。

造型媒介作为设计表达中文字媒介和图像媒介之外的补充表达方式，弥补了仅有图文媒介的扁平化信息传达的缺陷。但无论是造型媒介还是图文媒介，都是静止的表达方式，他们是被动的表达媒介，需要人们近距离的主动观看与解读才能具有意义，因此设计表达的信息传达方式还需要更加主动连贯的表达媒介。

第四节　影音媒介

影音媒介不同于前三种表达媒介的地方在于其连贯性和主动性的表达，声像并茂，视听兼容。影音短片画面传播，形象生动，一目了然。视频短片相较于门槛较高的文字媒介、扁平化的图像媒介、静止的造型媒介，由于采取主动传播的方式，配合动听的音效和精彩的画面容易吸引注意力，因此公众的接触面更高更具有穿透力和影响力，尤其能产生一种独特的潜移默化的信息传达效果。手机科技的发展令视频记录方式发生了革命性的改变，视频的录制方式变得更加的平民化和普及化，加上各种视频编辑 APP 的应用，任何人都可以制作出具有专业效果的视频短片。这对设计表达影音媒介的传播是具有极大的推进作用的，譬如近两年大热的短视频制作，将强大的剪辑加上轻量化的处理，短短几秒钟的短视频却可以容纳诸多信息，且由于文件量小，播放平台多，传播速度快，是一种更易于产品设计方案传播与普及的表达媒介。除了让用户能够以更高效更高频的方式接受设计信息外，影音媒介对于设计调研阶段的入户调研，用户访谈内容，也是极为重要的记录方式——能够更为全面的观察用户的现实需求，并可以在日后反复观摩，不断发现新的设计问题点。此外，影音媒介不同于前三者的区别还在于它需要设备载体进行信息传播，设备包括投影仪、幕布或电脑、电视、平板电脑屏幕或手机等。影音媒介在设计表达中的应用范围主要有：调研阶段的用户访谈，产品动画短片，产品的视频介绍，产品视频故事等。

用户访谈和用户观察用于设计调研阶段。用户访谈要预先设计好调研问题，然后围绕问题对用户进行访问，并通过摄像机或录音装置将访谈过程录制下来，做好第一手资料的收集，便于用户分析。而用户观察则是通过影音设备记录用户使用产品的情景或是用户的行为习惯，挖掘人机交互细节以及用户的潜意识需求。

产品动画短片可用于概念发想、方案展开、定案表现和设计推广阶段。概念发想阶段的动画短片主要是围绕用户、产品、环境的概念故事。方案展开阶段的动画短片是关于产品设计草图的思考过程展示。定案表现阶段的动画短片是关于产品使用操作和场景的展示，而设计推广阶段的动画短片则是前三个阶段短片的结合版。

与其它媒介相比，影音媒介作为一种具有时间连贯特性的表达媒介，有着无可替代的优越性，但设计表达无法单纯依靠一种表达媒体，就能完成信息传播的任务。相反，设计表达是一个多元化的呈现行为，将多种媒介进行综合运用，才能更加完整地传达产品设计的信息。因此，当这些表达媒介组合式搭配进行信息传达时，就会产生更加多元化的设计表达方式。

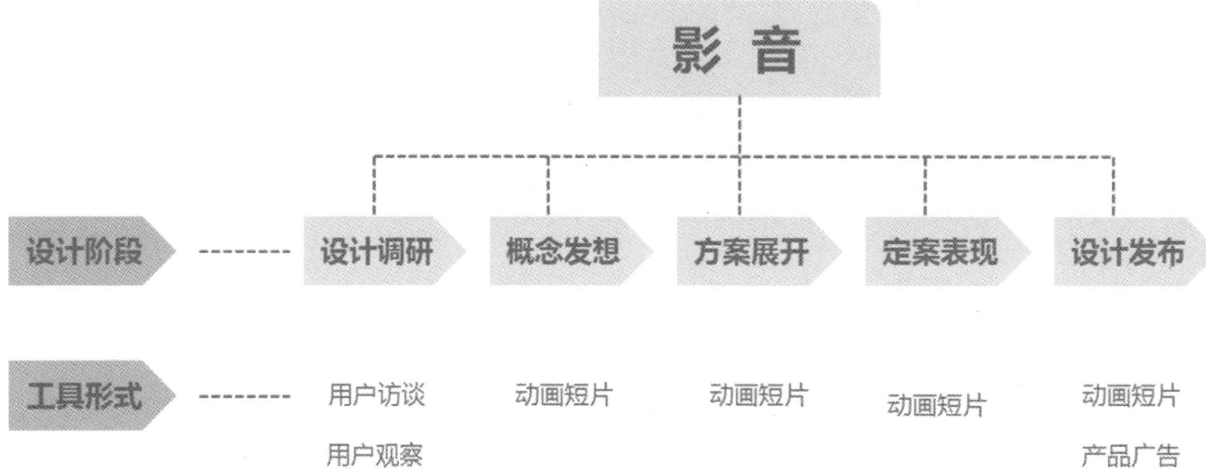

图 3.4.1　影音媒介工具

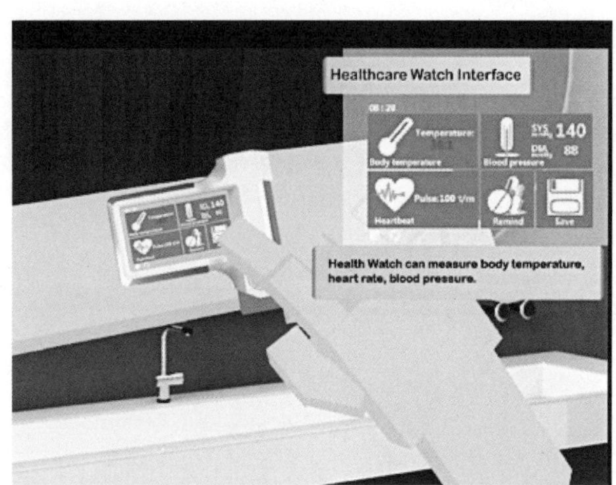

刷牙时可进行健康检测

生病时可提供吃药提醒

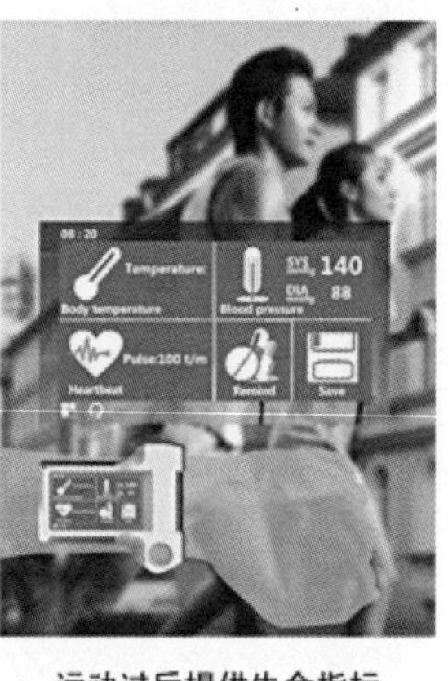

运动过后提供生命指标

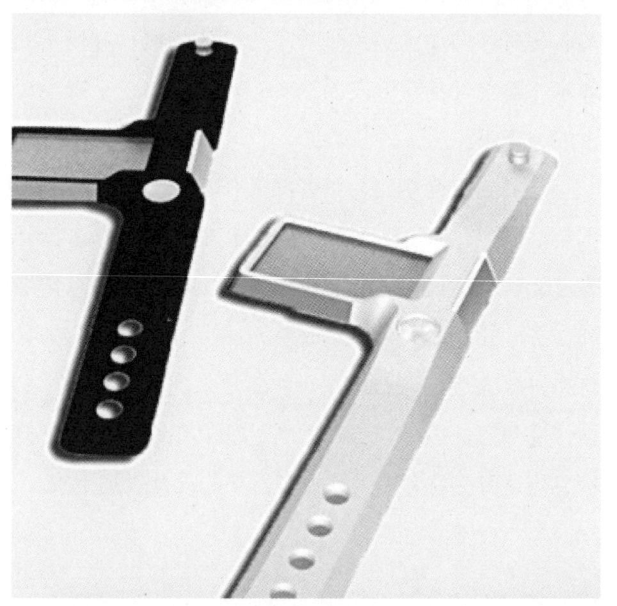

图 3.4.2　卫生间智能镜、南艺学生健康手环动画视频截图

第五节 体验媒介

随着现代科技的发展，知识社会的到来，创新形态的嬗变，以用户为中心，以用户体验为核心的工业设计的创新模式已经逐渐形成，苹果用户体验中心，SONY 产品体验中心，惠普产品体验中心，联想移动产品体验中心，宜家家居产品体验馆……体验式营销的时代已经到来。越来越多的产品体验中心进入商品世界，带来了一种全新的产品推广方式，用户体验的表现形式主要可以被分为实体产品体验馆和虚拟在线客户互动体验，一般主要出现在设计的推广阶段。在用户体验中心，可以让用户在一个轻松自在的环境中充分的体验产品：被电视、网络或是体验店内反复播放的产品视频短片所吸引，产生近距离体验产品的需求；在体验店通过图文资料以及店员介绍进一步了解产品的信息；通过实际操作产品实物，与产品进行人机互动，获得更加完整的产品体验。这种将多种表达媒介进行一次性打包，组合成多重感官体验的综合表达媒介，即是体验媒介——这种多元化的表达媒介能够使信息的传达更具有层次感，以沉浸的方式让用户接受多维化的信息，从而更了解产品的设计内核。而对设计者来说，运用实体或虚拟的体验媒介，可以观察用户在体验产品时适时反应：包括观察用户的产品使用行为，调研用户对产品的需求以及设计建议，并将收集到的真实用户体验数据应用到正在进行的设计方案中，或是设计成品的下一代产品的更改方案中。

（一）用户参与设计

随着现代科技的发展，知识社会的到来，创新形态的嬗变，信息时代的工业设计也正由专业设计师的工作向更广泛的用户参与演变。以用户为中心的，用户参与的创新设计日益受到关注，以用户体验为核心的工业设计的创新 2.0 模式正在逐步形成。设计不再是专业设计师的专利，用户参与，以用户为中心也成为了设计的关键，参与式设计是尊重使用者的设计方式之一。在设计中，使用者进行不同程度的参与，其设计主要取决于使用者的需求。这种方式在计算机使

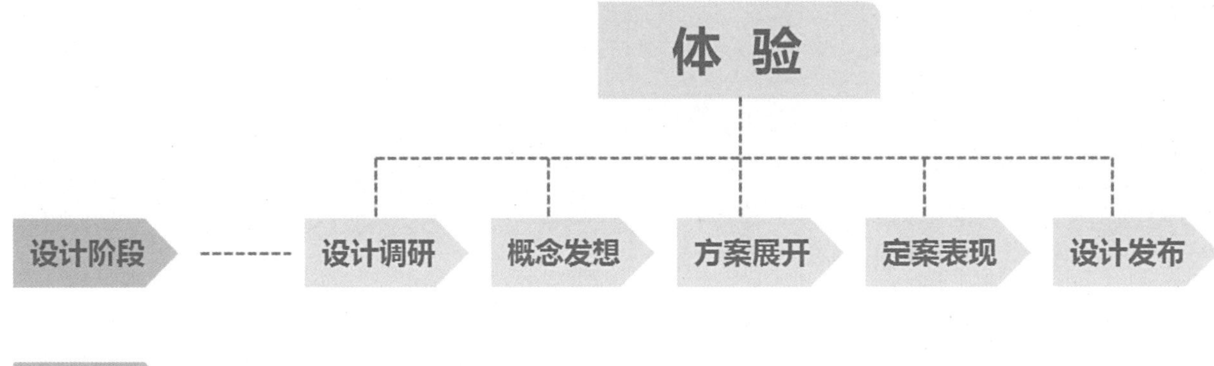

图 3.5.1 体验媒介工具

用设计、界面设计、环境设计上获得高度评价。设计师是为使用者提供意见和设施的协助者，他与其他有关的专业人士合作，为满足使用者的需要而共同致力于设计。参与式设计的优点在于其明确深入地探索使用者的经验、人际和社会关系，尊重个别使用者的不同背景、需要和期望，有效地缩短了设计师和使用者之间的距离。用户参与设计在设计调研阶段，概念发想阶段，方案发想阶段，定案表现阶段，都可以加以运用。在设计调研阶段，主要体现为对用户的设计调研，观察用户的产品使用行为，访问用户对产品的需求以及设计建议，鼓励用户积极参与到产品设计中。在概念发想阶段，主要体现为将用户的意愿融入产品的概念发想，并且聘请用户来对产品概念做出评价，根据用户的评价对产品概念做出一定的调整。在方案发想阶段，主要指在方案推敲过程中引入用户意愿和评价，让用户参与到设计当中；在定案表现阶段，主要是指用户参与产品的使用场景展现。

（二）用户体验中心

苹果用户体验中心，SONY 产品体验中心，惠普产品体验中心，联想移动产品体验中心，宜家家居产品体验馆……越来越多的产品体验中心进入商品世界，带来了一种新的产品推广模式，体验式营销时代的到来。著名学者伯德·施密特博士在他所写的《体验式营销》一书中指出，体验式营销是站在消费者的感官、情感、思考、行动、关联6个方面，重新定义和设计营销的思考方式。这种方式突破了传统上“理性消费者”的假设，认为消费者消费时是理性和感性兼具的，消费者在消费前、消费时、消费后的体验，才是研究消费者行为与企业品牌经营的关键。

在用户体验中心，可以让用户在一个轻松自由的环境中体验产品，与产品进行人机互动，并且还可以观察和收集用户体验数据。用户体验是一种纯主观的在用户使用一个产品（服务）的过程中建立起来的心理感受。因为它是纯主观的，就带有一定的不确定因素。个体差异也决定了每个用户的真实体验是无法通过其他途径来完全模拟或再现的。但是对于一个界定明确的用户群体来讲，其用户体验的共性能够经由良好设计的实验来认识到的。用户体验的表现形式，分为实体的产品体验馆和虚拟的 Marketing 2.0——在线客户互动体验，主要出现在设计推广阶段。

图 3.5.2　苹果体验店内部场景实拍图

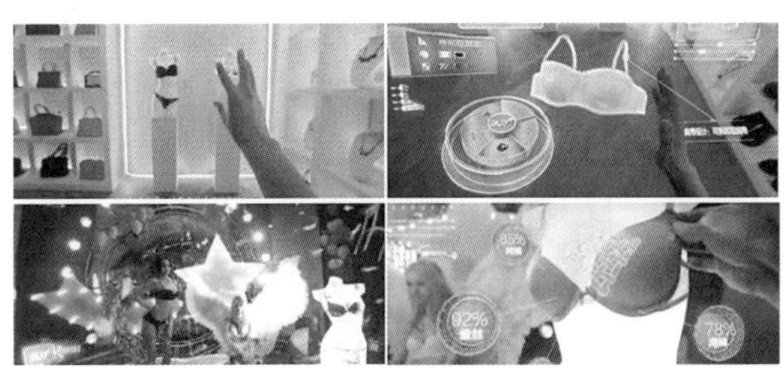

图 3.5.3　阿里 Buy+ VR 全新虚拟体验式购物

第六节　表达媒介的特点分析

（一）多维化

产品设计表达媒介工具的特点之一就是多维化。产品的信息传达随着商业营销的多样化，已呈现出多维化的趋势，主要表现在：（1）产品信息传达内容的多元化；（2）产品信息传达媒介的多维化。

当前产品营销策略越来越呈现出整合营销的趋势，单一营销方式的时代已渐渐远去，产品生产商为了取得更好的营销效果，对各种营销工具和手段的营销策略与产品信息传达。

进行系统化的结合，更多的运用多角度，多方位的营销渠道，这就是产品信息传达走向多维化的根源所在。因此针对不同的产品营销策略和营销形式，产品信息传达的内容和传达媒介也相对的有所不同，如手机销售处的产品宣传册、大众媒体的广告、琳琅满目的产品招贴、各种产品体验馆等。

1. 产品信息传达内容的多元化

我们在购买一款智能手机的时候，首先映入眼帘的是产品的外观色彩与造型，接着店员将手机交到我们的手中，材料的质感、线条的触感，通过指间的触摸能分明地感受到。在店员的引导下，我们尝试摆弄手机触屏，感受手机屏幕显示的优劣，将智能手机中的 APP 打开测试手机的反应速度，切换到手机的拍照模式，测试快门的快慢以及相机的拍照清晰度等。在我们的询问下，店员会细心地告诉我们产品的名称、生产厂家、上市时间、内部的机芯特性、手机功能特点，以及相关的销售活动和售后服务等一系列的产品信息。这只是我们在购买手机的过程中，所了解的其中一款手机的信息，接下来我们还会看看其他的产品，了解它们之间的优劣，并把这些信息综合起来加以比较。

产品的品牌、设计理念、用户群体、生产产家、售后服务、技术支持、功能特点、色彩、造型材质、设计风格、文化内涵、市场营销手段等一系列的产品信息构成了一件产品的信息组成，我们可以看出其中信息量的庞大。需要向用户传达的产品信息，也从最初单一地传达产品的功能信息变得日益多元化，包括产品设计理念、产品品牌这样的产品背景信息，产品功能、色彩、造型这样的产品本身信息，产品设计风格、产品文化内涵这样的产品文化信息，产品用户群体设定这样的产品需求定位信息，产品的生产、销代服务、背销策略这样的产品营销信息。

当然最终引导我们选择一件产品的因素可能是综合多方面优劣的最佳选择，也可能只是产品的某一个特点符合我们特殊的需要。比如，用户购买菲利普·斯塔克设计的榨汁机不是为了榨汁，而是当做装饰品来欣赏它独特的造型曲线，而购买米奇 MP3 可能也不是因为它使用方便，而只是出于对米奇形象的钟爱。所以人们在购买产品的时候，并不是单纯为了使用功能。很多时候我们不是在购买产品，而是在购买产品背后的故事。

这个商品多到令人眼花缭乱的消费时代，我们的用户不但没有被其绚丽的背景所迷惑，反而越来越了解自己的需求。所以我们要做的是全面地、详尽地、有针对性地、友好地传达产品所包含的信息。

2. 产品信息传达媒介的多维化

在商业街，我们会收到各色产品宣传单，信箱里会定时接收到宜家的家居新产品手册，打开电脑可以到网上产品体验中心了解关心的产品信息。我们进入了一个多媒体传达信息的新时代，信息传达的媒介从平面媒介、立体媒介、空间媒介到虚拟媒介，多维度地建立产品与用户的桥梁。

日常生活中，人们经常运用各种不同的感官搜集外在消息并与外界建立沟通。人们通过眼睛了解视觉信息，通过耳朵了解听觉信息，通过鼻子了解嗅觉信息，通过舌头了解味觉信息，通过手脚了解触觉信息。例如我们向用户传达产品的材料质感信息时，通过产品照片这个平面媒介从效果上来说是拙劣的，因为质感是需要用触觉感官感受的，而产品照片传达的只是质感的视觉效果，而无法向用户展现真正的手触摸材料时的真实感受。所以在这时我们需要运用立体媒介，即产品实物來向用户传达产品的材料质感。可见我们在接受外界不同的信息时运用了相对应的媒介工具。

（二）独立性

从产品设计综合表达的媒介来看，包括文字媒介、产品图像媒介、产品造型媒介、产品影音媒介、产品体验媒介，每类媒介都有自身特点和相应的使用方法。我们说产品设计表达的媒介工具，具有独立性。例如产品设计草图和产品效果图都属于产品图像表达的媒介工具，但是两者间存在着差异，是相对独立的媒介工具。首先，两者在使用环节中存在不同。设计草图在产品设计的初期使用，设计效果图在产品定案后，表现产品的模拟现实效果的时候使用。

其次，两者在使用工具上存在不同。草图可以手绘或用电脑绘制，而效果图需要通过 3D 软件建造模型和加以渲染。

再次，两者在表达目的上存在不同。设计草图是设计初期设计师构思方案时使用的，而效果图是在展示产品定案的效果时使用的。在产品设计表达中，媒介工具都只是独立的个体，它们在表达中的使用环节、使用方法、表达目的、表达效果都各有不同。

（三）混搭性

产品设计表达的媒介工具还具有混搭性。在多数情况下，混合使用媒介工具更有益于信息传达。例如在产品的概念表达时，将文字和图片结合运用的效果优于单独使用文字。多种情况下，媒介工具并不是单独使用的，混合使用的情况较多。

日常生活中，人们经常运用各种不同的感官搜集外在信息并与外界建立沟通，例如眼睛的视觉、耳朵的听觉、鼻子的嗅觉、舌头的味觉、手脚的触觉。当今是多媒体表达的新时代。多媒体的英文单词是 Multimedia. 它由 media 和 multi 两部分组成，一般理解为多种媒体的综合。多媒体就是多重媒体的意思，可以理解为直接作用于人感官的文字、图形、图像、动画、声音和视频等各种媒体的统称，即多种信息载体的表现形式和传递方式，从概念上准确地说，多媒体中的“媒体”是指一种表达某种信息内容的形式。同理可知，所指的多媒体，应是多种信息的表达方式或者是多种信息的类型。自然地我们就可以用多媒体信息这个概念来表示包含文字信息、图形信息和声音信息等不同信息类型的一种综合信息类型。媒介工具的混合包括图文（图像 + 文字）混合媒介、图形（图像 + 实物）混合媒介、图行（图像 + 行为）混合媒介、图声（图像 + 影音）混合媒介和形行（实物 + 行为）混合媒介等。

媒介混搭指将两种或两种以上的物质载体结合使用作为产品和用户间的信息传递媒介。媒介混搭策略是一种对各种媒介工具和手段的系统化结合，根据具体产品和环境进行即时性的调整，使得信息传达者和接受者在信息交流中有着良好的互动，进而取得最佳的信息传递。

媒介工具的混合使用在信息传达上有着一定的优势。例如图文混合媒介，文字的基本功能是传达信息，但它也是视觉传达设计中的重要组成部分，可以引导观众解读图像，并起到一种优先解读的作用。图像的内涵和文字比起来，是相对模糊、多义和不准确的。图文混合最大限度地避免了受众对图像的误读及解码的不准确。与图像相比，文字给人的刺激要小得多。文字符号的非直接性为受众的联想和再创造提供了广阔的天地。正因为如此，人们常说：一千个读者就有一千个哈姆雷特。而现在，一旦通过图像将其形象固定化，一千个读者就只有一个哈姆雷特。长期以来，许多人认为图像消除了观者与对象之间的距离，使受众不再受自身文字水平及文化知识的限制。的确，有时不需要任何文字的说明，单凭图像就能够达到其信息传达的目的。图像和文字都是视觉信息传达的有效工具，它们既各具优势，也各有不足。在充分认识图像与文字在信息传达中各具独特的意义和价值的基础上，设计师要深入研究二者如何形成信息传播的整体效果，取长补短，实现 “1+1>2”，以达到对信息更完美地传达。

媒介混搭策略的特征：（1）在媒介混搭中，产品信息接受者处于核心地位。不是要传达你所能传达的信息，而是要传达那些接受者想了解的信息。真正重视信息接受者。在这里信息的接受者就是用户，一切从用户的需求出发。暂不考虑媒介策略，而去了解信息接收者，要满足其需要；暂不考虑媒介方式，应当思考如何令信息接受者方便地获得信息；暂不考虑怎样接受信息，而应当考虑怎样沟通。根据实际情况，设计合理的、适当的全息媒介策略方案。（2）对信息接受者深刻全面地了解，以需求分析为基础。古语说“知彼知己，百战不殆”，传达信息之前我们首先要对信息接收者进行全面的了解，这是一项重要的基础工作。（3）全息媒介策略的核心工作是全面、系统、准确地传达产品信息。（4）以本质上一致的信息为支撑点进行传播。不管利用什么媒体，产品的信息一定得清楚一致。（5）以各种传播媒介工具的整合运用作手段进行传播。

（四）互补性

产品设计表达的媒介工具还有一个显著的特点，就是混合搭配使用时媒介工具具有互补性。如文字媒介和图像媒介的互补，图像媒介和造型媒介的互补，造型媒介和体验媒介的互补。

例如文字媒介和图像媒介的互补，文字在描述具有模糊性，“灯具的设计采用流线复古造型”，单单凭借这样一句文字描述，我们很难构想出这款灯具的真实样貌，这就需要使用图像媒介来进一步揭开产品的样貌。同样单纯依靠图像也是很难准确的传达产品的相关信息，也需要通过文字媒介进行进一步的说明。下一章，我们会结合产品设计综合表达的基本流程，进一步阐释各媒介是如何相互配合使用的。

第四章

设计综合表达的基本流程

根据设计流程，一般可以将设计分为五个主要的阶段，分别是设计准备、概念发想、方案展开、定案表现和设计发布。在不同的设计阶段中，所运用的设计表达方法也各有不同，下面我们来分阶段详细了解一下。

第一节　设计准备

设计准备是产品设计的第一阶段，这一阶段包括有：对设计课题的认识、市场调研、资料收集、问题的归纳与分析以及确立设计目标等工作。这些工作成果最终都会以一份图文并茂、内容详实的调研报告的形式进行呈现。

设计调研的内容主要围绕用户调研、产品调研和市场调研展开。设计调研的内容信息，主要通过媒介传达给设计团队、设计决策者以及项目客户。

在设计准备这一阶段，一般会综合运用到文字、图像、影音这三种设计表达媒介。

文字媒介主要会使用到关键词以及描述性文字，在设计综合表达中，关键词的使用相比大段的描述性文字，可以让信息以更明确、效率的方式进行传达。但是在传递信息的过程中，一定会有许多无法只用关键词就能表达清楚的情况。这时需要用言简意赅的描述性语言，精准简练地进行表达。

图 4.1.1 《自然居设计报告》
（作者：蔡宏顺 陈伟 江伟杰 林梦洋
指导老师：霍春晓 郑昕怡）

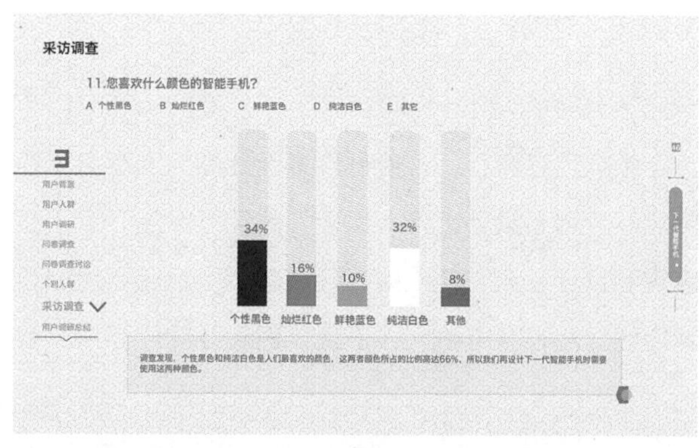

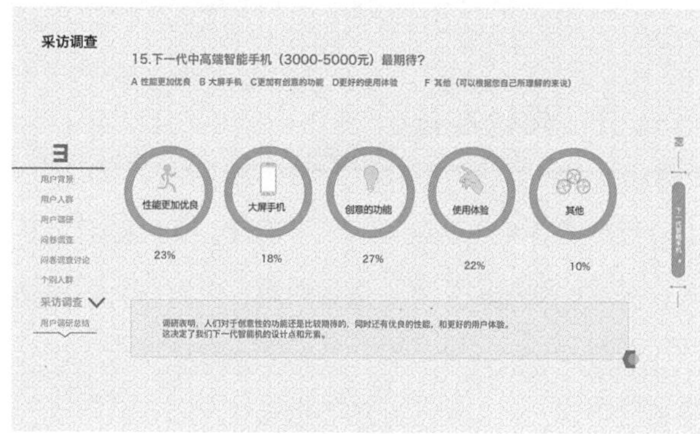

图 4.1.2 《三星手机市场调研报告》
（作者：俞凯 王祥 谢志航 周旋 闫琦 指导老师：王倩）

图像媒介在这一阶段主要起到直观生动地传递信息的作用，比如将枯燥的数据以形象化的图表方式进行呈现，配合文字媒介的释义配图、参与调研活动的用户照片、市场调研产品图片以及烘托整个调研报告特点的版式及渲染图片等。

影音媒介在这一阶段的应用范围主要是用视频、录音等方式记录下用户访谈，以及用户使用产品时的观察视频等，以便于反复研究、比对，发现问题点等。

图 4.1.1 对家居设计中自然感的关键词进行归纳阐释，呈现方法通过关键词加上适当的配图，以及描述性文字的多重搭配使用。通过关键词和描述性文字进行进一步解释，最长的描述性文字篇幅一般控制在100字以内，力求能言简意赅的传达准确的信息即可。

图 4.1.2 将智能手机的用户调查问卷的结果数据图形化，可以让枯燥的数据内容变得有生动感，而且直观易懂。在传递信息的过程中，可以更有重点更加明确的进行阐释。

图 4.1.3 调研活动中的用户照片，针对老年人做饭过程进行跟踪记录，将操作过程中的动作进行分解，并将涉及到的地点、工具、感官等方方面面，都忠实的记录下来，以关键词和用户操作图片结合的方法进行呈现。

图 4.1.4 将调研活动中婴儿一天的行为进行分解，将一天中需要使用的产品进行罗列，并以矢量勾线图的方式进行呈现，这种方式使得信息传达更为直观明确。

图 4.1.5 将现有市场产品进行罗列，去除不必要的庞杂信息，留下最关键的信息点，以图文结合的形式对这些现有产品的特点进行归纳呈现。让产品分析更有条理有重点地进行。

第二节 概念发想

概念发想的呈现是产品设计综合表达的第二个阶段，这是在第一阶段调研活动以及问题总结、设计点归纳等工作完成的基础上进行的。这一阶段包含的工作内容主要有：用于描述设计概念中产品的使用情

图 4.1.3 《空巢老人灶具设计研究报告》
（设计：吴忆蒙 指导老师：霍春晓）

图 4.1.4 《Milk play 婴儿用品系列 设计调研报告》
（设计：宋姗姗 指导老师：霍春晓 郑昕怡）

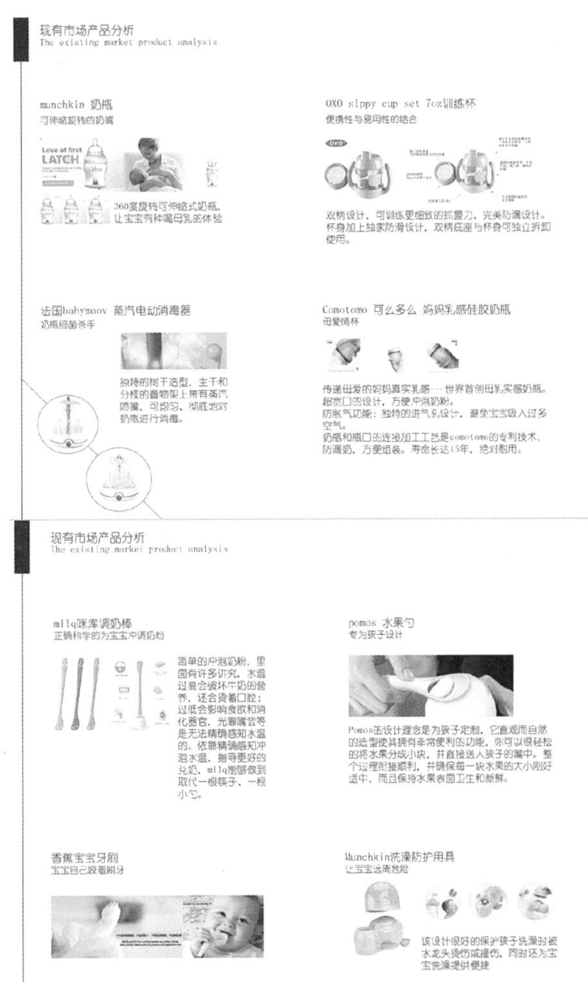

图 4.1.5 《酷爹地——奶爸外出装备 设计调研报告》
（设计：戴婷婷 指导老师：霍春晓 郑昕怡）

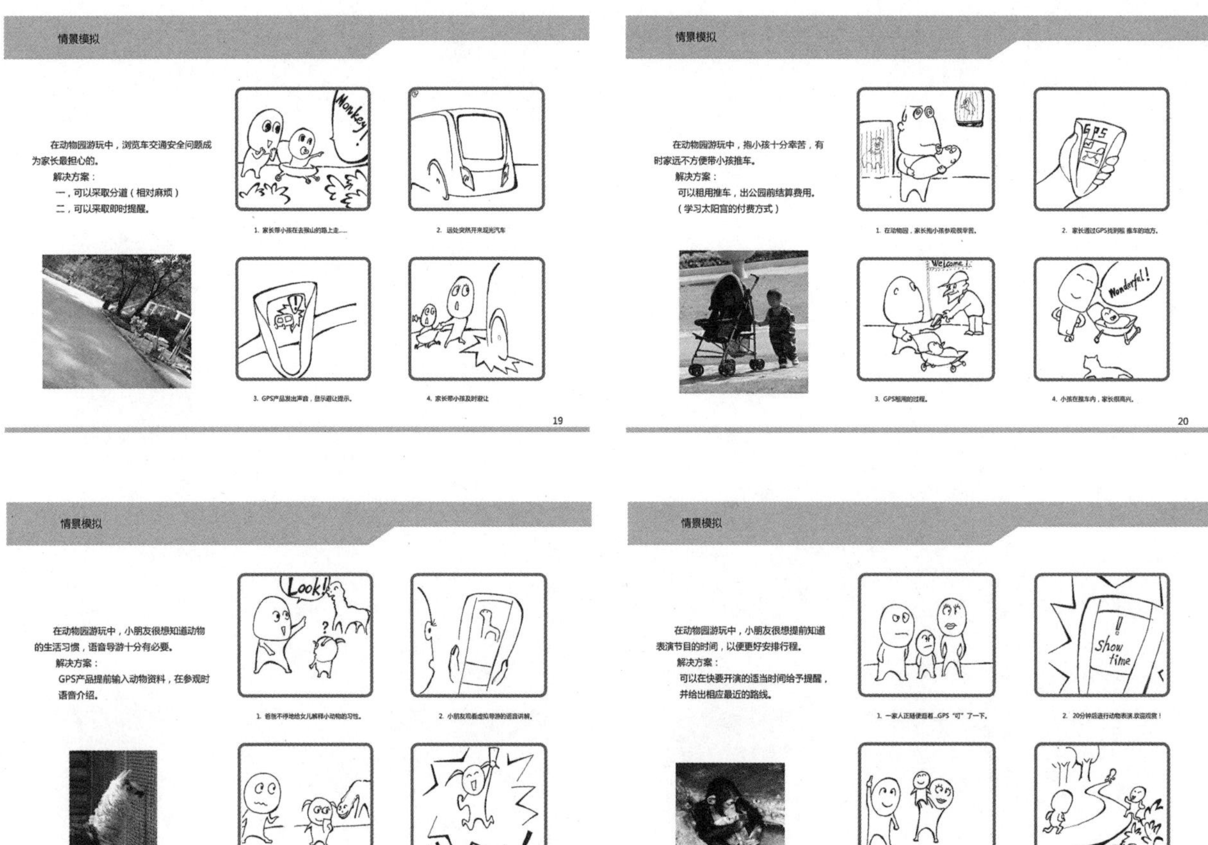

图 4.2.1　红山动物园 GPS 产品故事板

境、过程、行为关键瞬间的故事板（Story board）；表达设计概念的设计风格、色彩方案、文字排版、图案以及整体外观感觉这些感性意图的情绪板（Mood board）；用逻辑推理或联想的方式逐步推导出设计概念的概念思维导图（Mind map）以及将静态故事板制作成动态的动画并结合背景音乐、配音的概念动画短片等（Short cartoons）。一般通过文字、图像以及影音这三种表达媒介进行呈现。

故事板（story board）开始应用于广告设计借助图画和文字的说明，是具体表达电视广告创意的故事式图画，故事画纲，是有大概情节的挂板。文字与图像媒介是故事板的主要表达方式，一般通过手绘漫画来完成。制作基于产品设计概念阐述的故事板最需要注意的问题有：

1. 设置最合理的产品使用情境，并有逻辑的编写故事板剧本；

2. 对剧本的画面创作时需要注意细节元素，做出突出产品使用状况的细节；

3. 人物角色 pose 与产品之间关系的创作；人物台词以及配图文字说明尽量简洁，简单明了；

4. 各个画面时间点的控制，记录与产品使用情境、方式、过程等最关键的瞬间；

5. 画面能清晰的讲述故事情节，有效传递有用信息，避免情节冗长、信息过载。

图 4.2.1 在这个故事板例子中，作者设想了四种可能的模拟情景，采用四格漫画的形式，言简意赅的将家长带着孩子在动物园中游玩的使用情境中，会使用到 GPS 产品的各种使用情况进行清晰地展现，明确地传达出该 GPS 产品使用的必要性以及合理性。

情绪板（mood board）是一种启发式和探索性的方法，可以对如下问题进行研究：图像风格（photography style），色彩（color palettes），文字排版（typography），图案（pattern）以及整体外观以及感觉。视觉设计和人的情绪紧密相连，不同的设计总是会引发不同的情感。

此外，情绪板也可以作为可视化的沟通工具，快速地向他人传达设计师想要表达的整体“感觉(feel)”。文字与图像媒介是故事板的主要表达方式，一般通过

图 4.2.2 《Milk play 婴儿喂养用品系列 情绪板》
（作者：宋姗姗　指导老师：霍春晓　郑昕怡）

实体或数码方式来呈现。创建情绪板一般有如下流程：

1. 产品体验关键词

在前一阶段的调研活动中已经明确了设计的定位以及用户的需求，根据这些总结提取出产品的体验关键词，比如：柔和的、简约的、高质感等。

2. 选择适当的图片素材

由于情绪板篇幅的限制以及避免信息量过大的负面效果，可以用于呈现的图片是有限的。因此在选择图片素材时，需要根据视觉效果选择那些最能够精确传达关键词信息的图片。产品体验关键词可以与图片素材一一对应，也可以选择多张图片从不同维度体现关键词的内涵。

3. 选择情绪板的呈现方式

呈现方式一般有两种：一种是实体呈现，在墙面或挂板上直接用照片拼贴的方式进行；另一种是在数码设备上以非实体方式进行呈现。这种方式的呈现风格可分为两种：一种是模拟实体呈现的方法，下载能够准确传达意象化信息的图片进行简单的拼贴处理，这种方式比较适用于展示比较抽象的、意向性的情绪、风格图片信息；另一种是较为精致的做法，是使用版式规整的模板，有条理的对图片文字信息进行排列，这种方式较适用于色彩、材质、图案等方案的设计方向呈现。

图 4.2.2 在第一张情绪板例子中，将初始的设计方向概括为两个关键词：复古感、线条感，从人物、电影场景、服装、家居空间等角度选择相应的图片进一步地形象化解释，并以拼贴的方式对这些图像文字信息进行简单排列。在第二章情绪板例子中，将这三个关键词分别从材质、色彩、造型、图案四个角度进行精致排列，有条理地罗列出相应的图片文字信息。

思维导图（Mind map）是一种将放射性思考具体化的方法。放射性思考是人类大脑的自然思考方式，每一种进入大脑的资料——包括文字、数字、线条、颜色、意象等，都可以成为一个思考中心，并由此中心向外发散出许多关节点，每一个关节点代表与中心主题的一个连结，而每一个连结又可以成为另一个中心主题，再向外发散出更多的关节点，呈现出放射性立体结构，而这些关节的连结可以构成个人数据库。

而设计概念思维导图则是将从产品的核心抽象概念出发，发散推导归纳出更为具体化、具象化的设计元素和设计要点。

图 4.2.3 在这张概念推导 Mind map 中，将体现莫愁湖（壶）气质的关键词“清雅青莲”一词，进行发散式推导，从而获得更多的关键词线索和节点，再通过推导出的不同关键词，找到符合关键词气质的意向性图片，从而获得更为具象化的莫愁壶的设计要点。

动画短片一般使用影音媒介来完成，通常是将静态的故事版内容转换成动态效果，并配合音效，使故事板的表达效果更为生动直观有趣。

图 4.2.9 在这个动画短片中，通过对当下枯燥的洗衣机界面进行再设计，将现在以简约快捷操作感为第一要义的标准洗衣界面漫画化，利用轻松直观的漫画式动画短片，将洗衣过程进行了更为形象生动地解读，令使用者能够更明确地知道洗衣的流程，同时也拉近了界面与用户的使用情感距离。

第三节　方案展开

在产品设计综合表达中，概念发想后下一个需要呈现的阶段就是方案的展开过程。这一阶段是在前一阶段概念发想归纳与总结出切实明确的设计概念定位后，所进行的具体的方案展开与深入的过程。这一阶段的工作主要包括有：绘制手绘草图或 2D、3D 电脑图探讨产品造型、结构以及细节，并需要在这一阶段配合草图方案、电脑效果图方案的展开，制作草模，从真实世界的立体三维尺度对设计进行验证及展示，这样可以更为直观地呈现出设计的意图以及发现设计中的问题。因此，对这一阶段的呈现方式一般是通过文字、图像以及造型这三种表达媒介。

图 4.3 即是一个从早期草图的造型研讨，到 2D 矢量图对于功能结构分布以及材质尺寸的细化方案，再到初步 3D 渲染效果图，以及到最后制作实物草模在真人以及模特身上进行人机学验证的全部方案展开过程的演示。

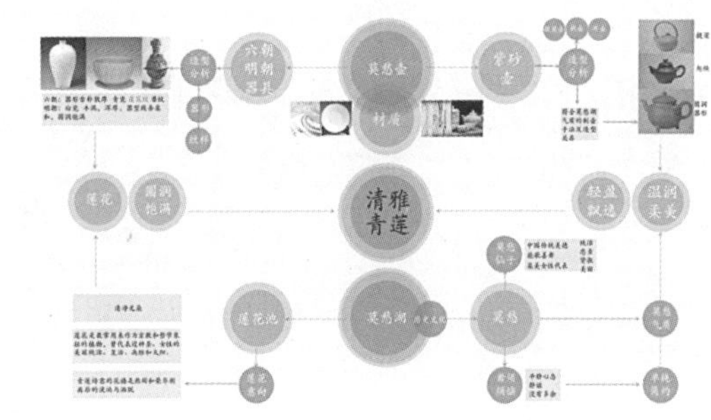

图 4.2.3 《莫愁壶 mindmap》
（作者：张栩华　指导老师：张明）

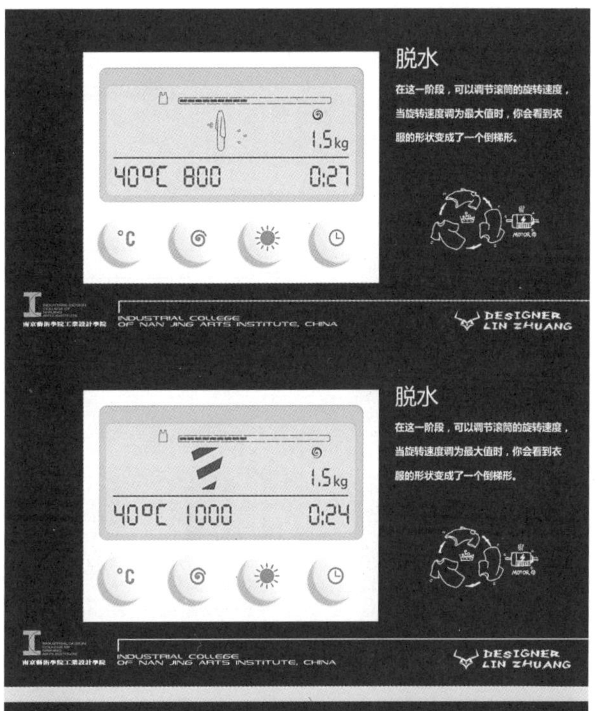

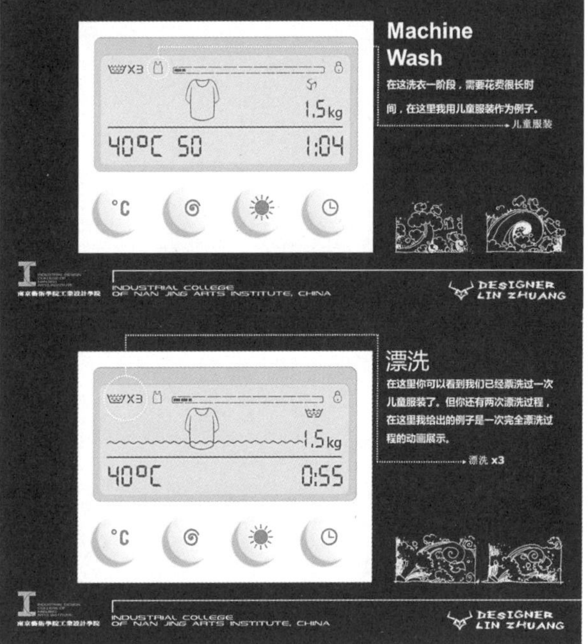

图 4.2.4 《西门子 BOSCH 洗衣机洗衣机界面设计》
（设计：庄林　指导老师：张明）

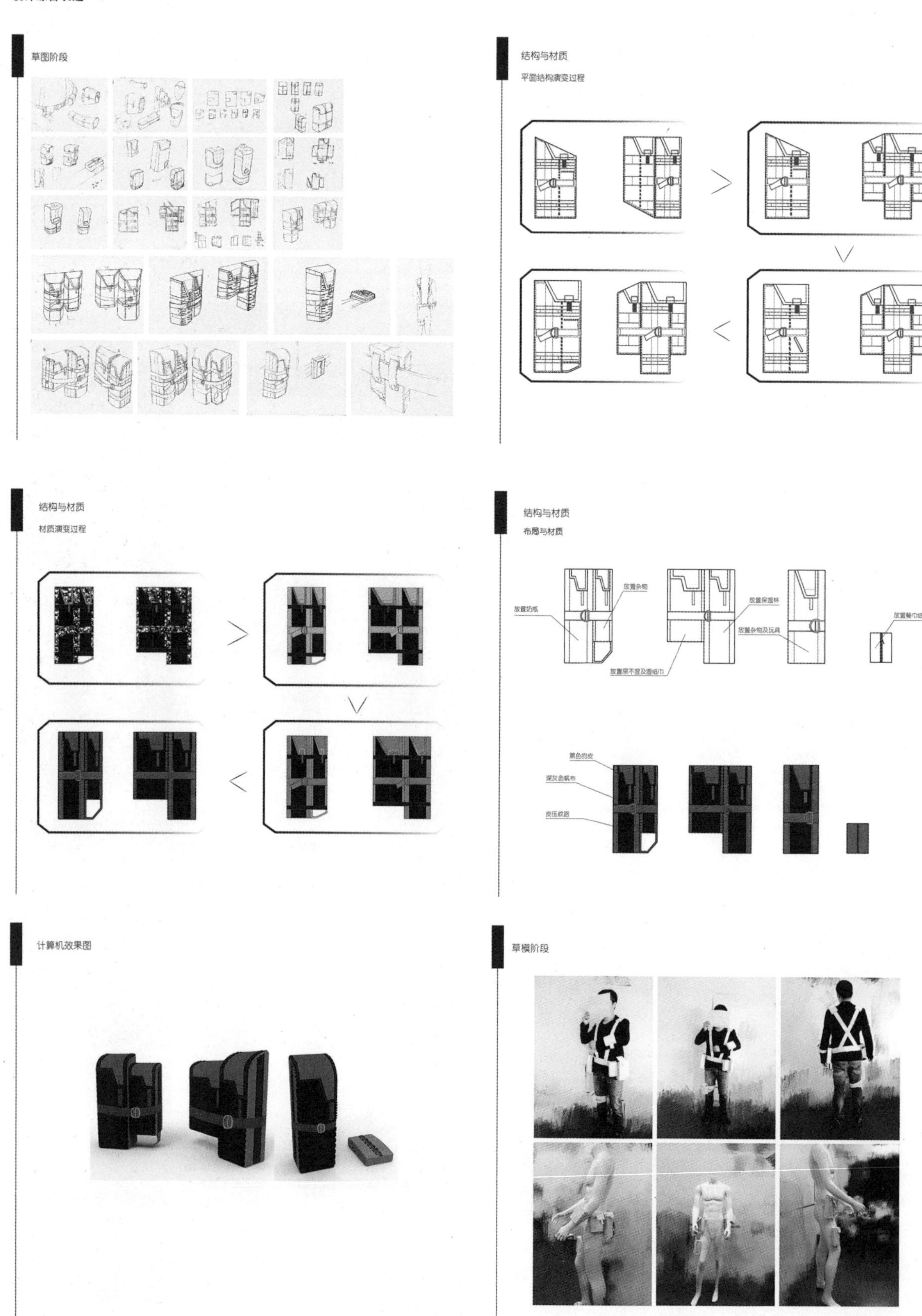

图 4.3 《酷爹地——奶爸外出装备》
（设计：戴婷婷　　指导老师：霍春晓　郑昕怡）

第四节　定案表现

文字、图像、造型、影音媒介是定案表现阶段的必要表现媒介，定案表现一般包括最终方案的精细渲染效果图、结构说明图、展示模型、模型照片、设计报告册、使用视频演示等。

精细渲染效果图一般通过图像媒介传达，必须保证效果图质量能够充分展现出产品的细节、结构、材质感和色彩效果等。精细效果图会分为多角度多画面展示，尤其对于产品比较出彩的细节以及能够体现设计概念特点的结构造型，需要放大重点展示。图面效果需简洁清爽，切忌杂乱（如图 4.4.1）；另外产品效果图最好能以放置在使用环境中的方式进行呈现，这样能够更为清晰直观的传达产品的使用情境信息。

图 4.4.2 将产品置于家居环境中进行渲染，并放置人物照片可以更明确地表达产品的使用环境，以及产品在现实世界中的大致比例关系，让人对产品的信息有更全面的了解。

结构说明图也通过图像媒介传达，可以使用 3D 渲染图或 2D 线框图进行呈现，3D 渲染产品结构图制作起来更为简单直观，线框图的效果更为精致细腻。

图 4.4.3 使用 2D 线框图的方式，将产品尺寸、结构以及使用方式清晰地表达了出来，由于 2D 线框图没有 3D 效果图的光影和明暗关系，去除多余信息，因此画面效果更加清爽简洁，设计信息一目了然。

产品展示模型通过造型媒介表现，展示模型可以是纯粹的外观模型，也可以是可以操作使用的样机模型，其统一点是制作精确，能够真实还原产品方案的原貌。

图 4.4.4—4.4.5 模型对于原设计方案的忠实呈现很重要，因为模型是检验设计方案可行度以及完成度的最重要的检验手段，而且模型也是最终展览呈现中的主角，与观者零距离的体验式接触，即是靠模型来完成，因此模型外观制作必须精致，并最好具有一定的可操作性，真实还原设计方案的设计特点。

模型照片和精细效果图类似，也是通过图像媒介进行传达的一种表现方式，但和效果图不同，模型照片更具有真实感，是方案完成度的展现。因此当模型

《机械 节拍器》
《荷叶·露珠加湿器》
《荷叶·露珠充电宝》

图 4.4.1　上《节拍器设计》　下《加湿器设计》
（设计：王军　唐建豫　指导老师：郑昕怡）

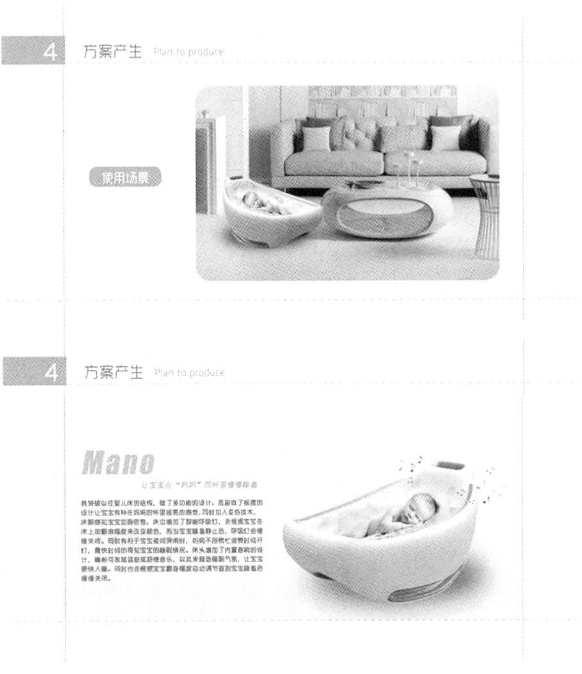

图 4.4.2　《Mano 概念婴儿床设计》
（设计：王紫慧　指导老师：霍春晓　郑昕怡）

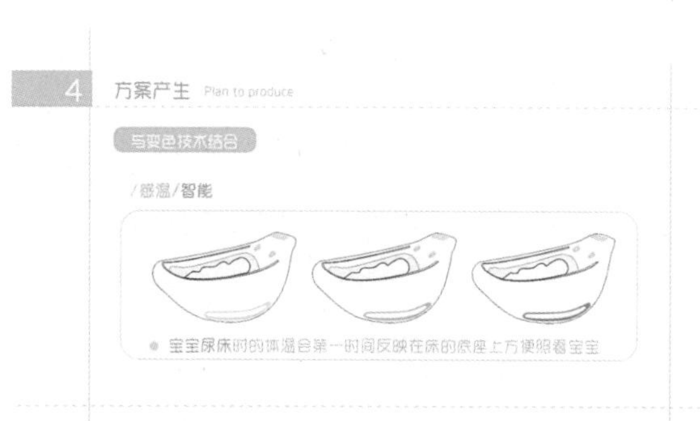

图 4.4.3 《Mano 概念婴儿床设计》
（设计：王紫慧　指导老师：霍春晓　郑昕怡）

图 4.4.4 《Cross coupe' GL-X》
（设计：王艺远　指导老师：霍春晓　郑昕怡）

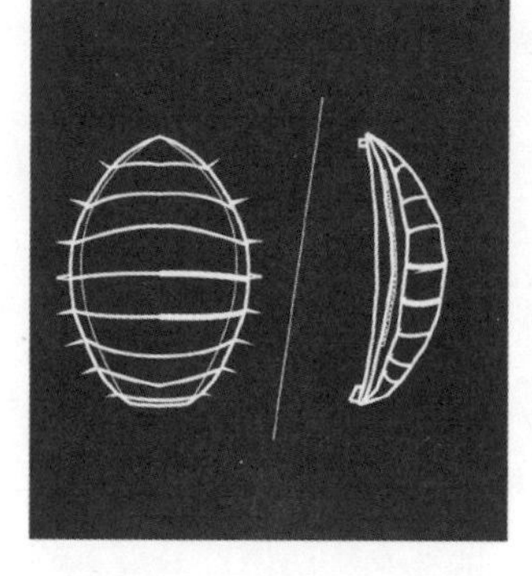

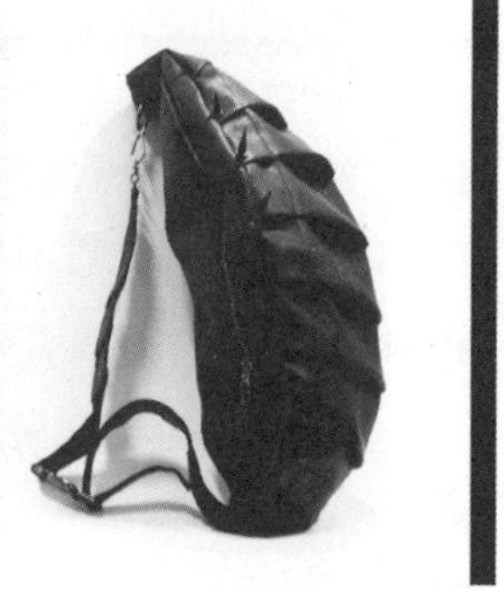

图 4.4.5 《背包设计》
（设计：徐思　万海亮　指导老师：郑昕怡）

图 4.4.6 《自然居——系列家居设计》
（设计：蔡宏顺 陈伟 江伟杰 林梦洋
指导老师：霍春晓　郑昕怡）

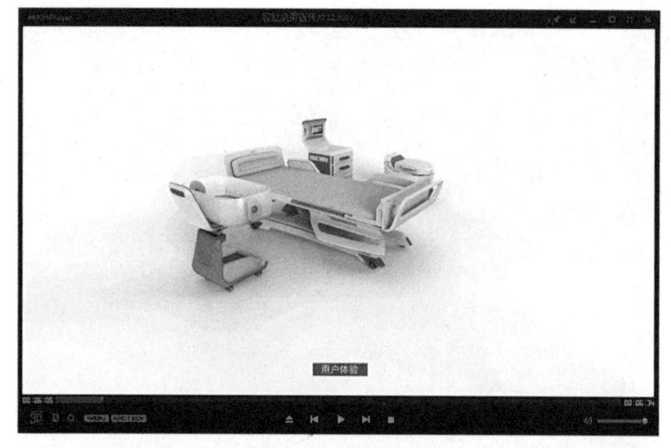

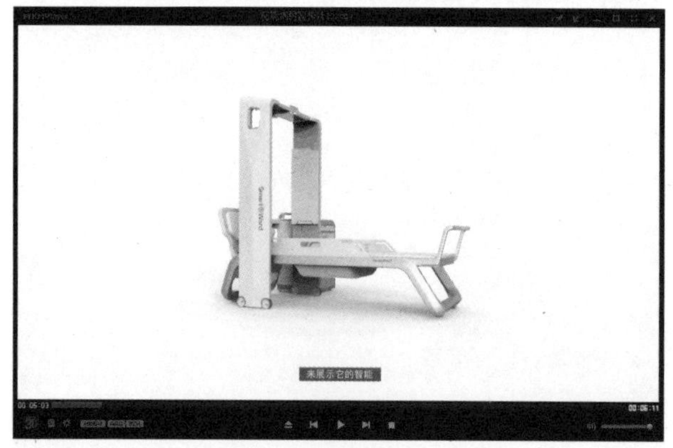

图 4.4.7 《智慧病房设计演示视频》
（设计：俞凯 王飞飞 王雪 包琪波 宋颂 周凯 刘坤 马长清 指导老师：何晓佑 王倩）

制作完成后，对模型进行有设计的拍照，比如放置在真实的使用场景中，使用模特配合拍照，或是搭建专业摄影棚，以宣传照的方式拍摄产品，都可以让方案以更好的形象向公众展现。

图 4.4.6 将产品放置在自然环境中进行拍摄，更加凸显了产品的色彩与材质感，通过摄影技术，捕捉到了这组家居设计的特征信息，并直观的表达出来。

设计报告册、产品宣传册都是为了更好地向外界传达产品信息，通过文字与图像媒介，以印刷手册的方式进行呈现的。二者区别在于：设计报告册更着重与对产品来源、研究以及制作过程的介绍；而产品宣传册则更注重结果——对于产品成品的展现。

使用视频演示则是通过影音媒介来传达产品的概念、定位、造型、结构材质、色彩以及产品的使用操作方式，以更为连贯、全面的信息传达方式，直观、快捷地向人们展示产品的方方面面，对于社交软件的高速发展以及信息传播方式发生巨大改变的今天来说，视频演示是当下更加理想高效的表达媒介。（如图 4.4.7）

第五节　设计发布

设计综合表达最后一个阶段是设计发布，在这一阶段会综合运用到多种表达媒介，比如：文字、图像、造型、影音以及体验，以求达到最佳的设计发布和信息传达的效果。

设计发布的工作内容主要包括有：现场演示发表、展览现场的布置——包括展板、展览模型、展览视频等。现场演示发表需要通过文字媒介来进行表达，陈述者良好的文字表达能力和沟通能力，能够使设计方案更完整明晰地传达给听众，这与陈述者平时在表达方面的自身积累和素养有关，也和对于设计方案全方位的掌握度有关。展览现场中的展板是通过文字和图像媒介进行表达，展板的内容一般包括设计项目从初始立项调研到最终定案过程中的全部工作内容，用平面排版的方式，对文字和图片信息进行合理组织、排布，以达到有效传达设计

重点信息的目的 。展览中最重要的主角就是模型，通过最直观真实的三维立体呈现，令观者直接感受、体验设计本身，理解设计师的意图，并对设计留下更为立体的印象。展览视频则通过影音媒介将产品的文字叙述、产品图像、设计报告册、展板等串联成一个完整的视频，加上适当的音效，吸引人们注意力的同时，也更为高效的传达方案的设计信息。

图 4.5 在这组展览中，通过大型展板将产品信息做了非常丰富详实地呈现，结合富有细节制作精致的模型，并充分运用了产品本身的特征与光相互作用的效果，恰到好处的渲染了展板以及整体展览现场的气氛，营造出了虚实结合，光影变幻的展览效果。

关于设计发布到实际应用方法，本书将会在后面的章节中详细介绍。

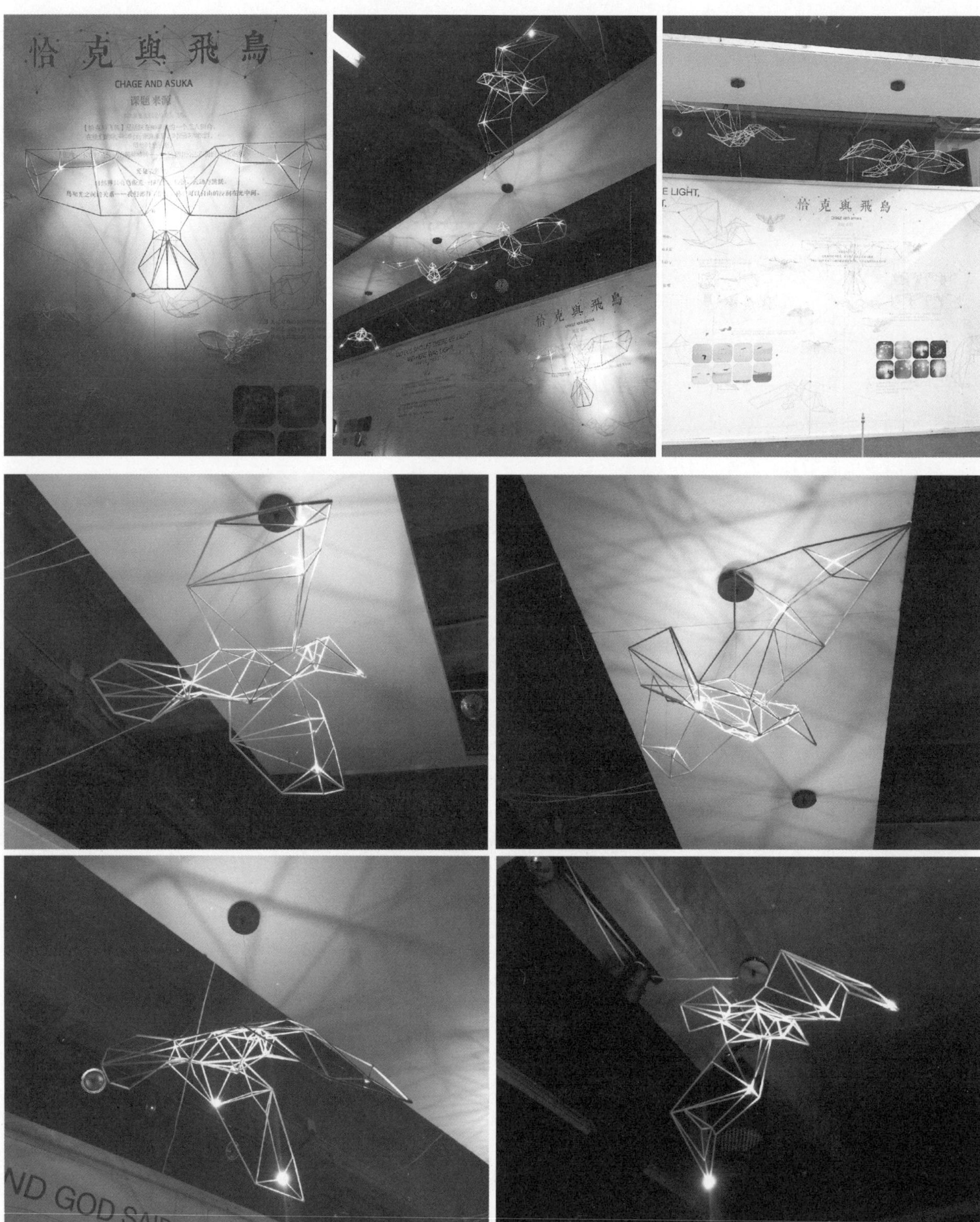
恰克與飛鳥
CHAGE AND ASUKA
课题来源
恰克與飛鳥
E LIGHT,
恰克與飛鳥
ND GOD SAID

图 4.5　《恰克与飞鸟——试验灯具设计》（设计：俞凯　指导老师：张明）

进阶篇

第五章

设计综合表达
基础板块能力训练

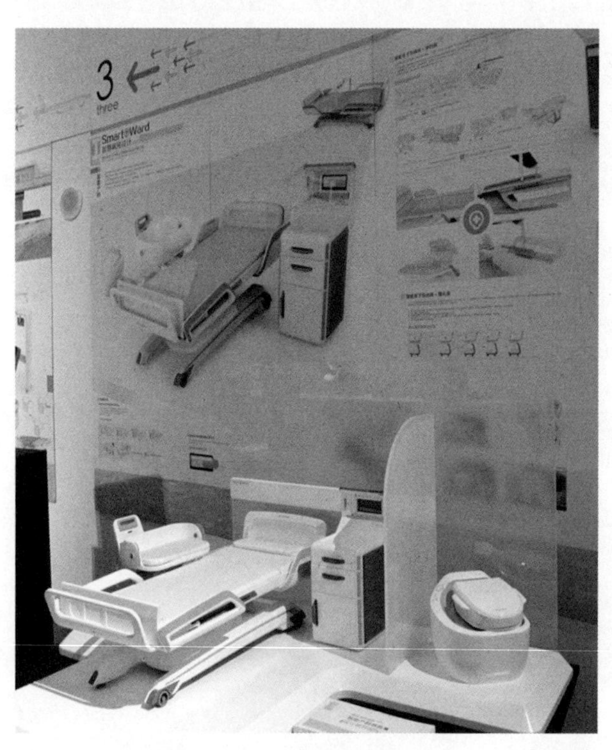

图 5.0　2014 年南京艺术学院毕业设计展示现场－智慧产科病房设计（设计者：俞凯　王飞飞　王雪）

产品设计，是一个“从口红到汽车”都会涉及到的专业。大到公共汽车、家用车，小到家庭电子产品、照明用具、音像影像设备、运动用品、休闲用品、家具、时尚等，从一般家用机器到工业用机器各种领域的产品都在产品设计的对象范围内。产品对于消费者来说不是孤立存在的，消费者在购买商品前常自问是否好看、是否好用，产品设计综合表达就是要将产品的特征精准、快速的传达给消费者，这样才能吸引住消费者的眼球。好的产品设计表达无时无刻都在表达产品好用、好看等特质，顾客来到商场陈列架前，展示台、背景海报在配合产品营造产品使用环境的风格，演示使用方式，海报上的设计文案，在强调产品的优势，打消消费者心中的疑惑。设计表达不是简单的一张海报，学会多维度、多手段的表达方式可以让自己设计的产品更生动、更准确的高质量呈现，会轻松吸引住观者的目光，设计综合表达需要学生具备不同领域产品的从前期的文案、海报的设计到后期的手工模型制作、数字模型制作的能力。

第一节　海报制作能力

设计海报是设计综合表达能力中最重要的部分，无论是设计初期还是设计后期都可以通过平面设计的手段将设计内容表现出来，通过色彩、字体、形状等要素烘托产品使用气氛，如温馨的、运动的、时尚的，通过不同的版式排列或对比强烈让人目不转睛或紧密排列让人应接不暇，通过字体设计让观者感受到与产品风格相应的来自于字体风格的时代背景。

成功的海报是在1秒钟以内吸引观者目光，3秒内让观者读懂大致产品信息。不应将观者读懂设计意图的希望寄托于长篇的设计说明中，而应学习利用平面元素将产品的价值与优势、使用方式、使用场景生动形象地表现出来。

技法1　利用平面元素烘托产品使用氛围

图5.11是三款Sony品牌的收音机的宣传海报，第一款为户外环境使用带手动充电功能，第二款超薄造型功能简约，第三款录音、回放、编辑等功能齐全，并且有英语学习功能。请注意三张海报除产品以外的背景、字体、配图、文字框等元素。

或者可以根据设计产品时的心境，给产品假想一个虚构的具有创意的空间，如图5.12，从摄影作品中找到云和雨的素材合成一个半真实的空间，把设计作品《钢琴》放进去后，又模拟环境光画了投影，再用剪贴画的方式将爵士乐队合成进空间里，形成了真实世界与剪贴画世界的对比。相比实际的环境，可以给观者更加强烈的艺术感受，加深产品的魅力。营造氛围时可以用三维建模、Photoshop图片合成等手段完成。

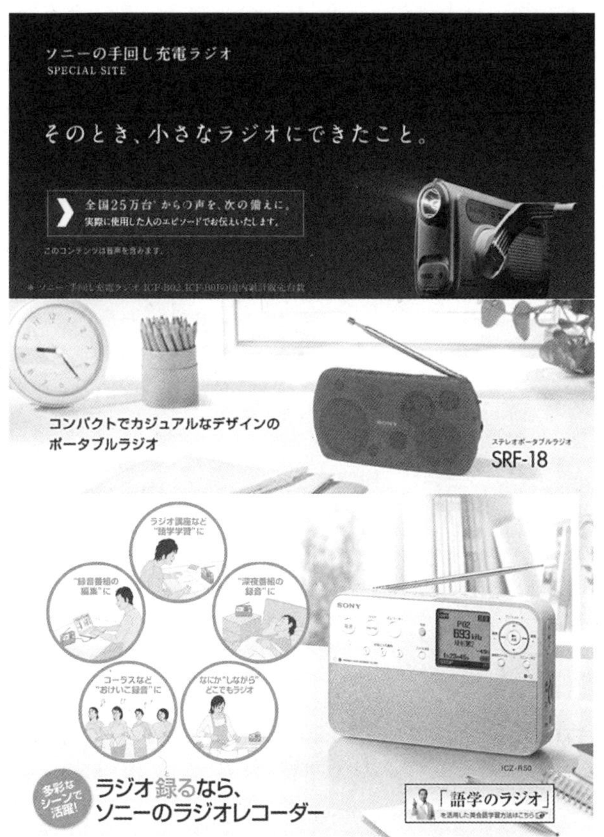

图5.11　Sony收音机海报

图5.12　钢琴设计海报（作者：王倩）

实践练习：按照自己设计的产品的使用场景构思，利用拍照或寻找素材的方法制作一张使用环境背景图，并制作成海报。

技法2　重复、对比、利用网格制造规律

在制作海报时需要注意三个原则：重复、对比、利用网格制造规律。挑选出这三个原则是根据近年来产品海报的设计趋势来决定的，由于产品设计专业的学生，没有系统学习平面设计专业的学生学过的平面设计课程，但可以通过理解与活用三个规律，快速拉近与平面设计专业学生的距离。

重复

图 5.21　重复

重复

重复指的是，设计中的视觉要素在整个作品中重复出现。

仔细看上图，颜色重复出现，高度、宽度重复出现，元素间距重复出现，可以预见的是，如果在最后再加一个小方块，一定还是同样的颜色、高度、宽度、间距，如果不是为了突出，不会引入新的元素。

应用上来说就是，如果要加一行字，第一反应是，用之前用过的颜色和字体，如果没有确凿的理由，就坚决不出现新的要素。这是设计的克制，也是初学者最先要学会的一件事。

图 5.22　修改前的 iPhone6 海报

图 5.22 是一张 iPhone6 手机的宣传海报，海报中包含了几个文字与图片的信息，但是看上去杂乱无章，没有设计感（第一感觉不是苹果官方发布的海报）。这里的杂乱无章，主要体现在图像、文字等物体之间的位置、大小毫无规律可循，色彩不成体系，没有形成带给观众愉悦视觉感的对比。此外，在排版上没有考虑观者的视线的引导，物体之间没有轻重关系。

我们根据这个原则，对一张海报进行第一次手术，手术的奥义是——重复。

图 5.23　运用重复的方法重新整理的 iPhone6 海报

完全按照海报的内容，将文字提了出来，中文字体全部用微软雅黑（新手用这个字体没错），英文字体选择与之对应的 MyriadPro（也是 iPhone 广告中用过的字体）。手机图片角度调整为 0 度，将文字的大小进行适当调整，文字行间距调整为等距，文字之间中心对齐，扔掉了花花绿绿的视觉元素。这样，让图片和文字按照规律排列，少些不确定的元素，按照重复的原则进行整顿，新的海报立即出现因重复而有的规律感，让人觉得清爽、有序，如图 5.23。

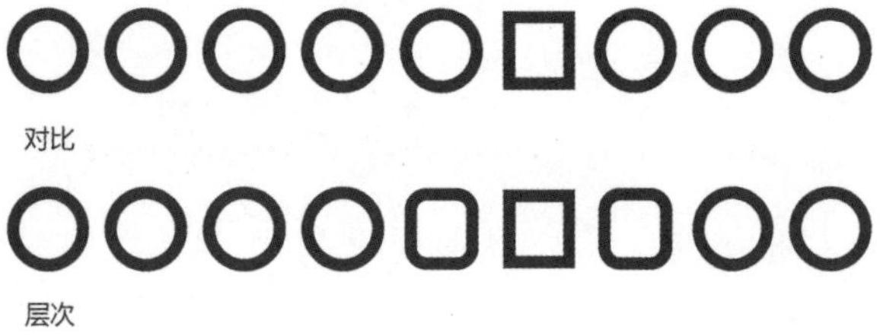

对比

层次

图 5.24　对比及层次

对比

对比指的是，避免页面元素的太过相似，如果元素不相同，那就请深浅的不相同。

有重复就一定有对比，重复是基调，对比就是焦点。重复一定要精确，对比一定要大胆。

对比可以有多种方式产生。大字体与小字体，MyriadPro 中 bold（粗体）与 Light（轻量体），粗线条与细线条，冷色与暖色，平滑与粗糙，长宽与高窄等等。

将图片按照对比的原则重新组合，将手机移到右边，是考虑到海报左半部分和右半部分信息重量级对比关系。标题“iPhone6”放大，其余的字缩小。此外，对一组文字和一组图形的颜色进行红色和蓝色的对比，然而这样的处理也是在重复 iPhone 手机界面上的颜色对比。此时，由于对比的存在，画面不会过于规律而显得呆板，而是有序中存在有趣，变得有看头，如图 5.25。

图 5.25　运用对比的方法重新整理的 iPhone6 海报

利用网格制造规律

利用网格制造规律是指，物理位置的接近意味着内容的关联，通过控制物体之间的距离，调整物体大小，调整物体组之间的距离，制造出一定的规律，并且所有物体之间的排列顺序严守这样的规律持续下去，给观者干净有序的感觉。

新手的设计总是元素四散，杂乱无章，看似是不懂留白的奥义，但实际上是不懂亲密。相关内容得到有效组织，空间自然会空出来。标题要对应相关文本，图片要响应对应内容，大小层次，尊卑有序，亲密，保证了内容传达的有效性。

将修改过两次的海报中加入网格参考线，调整文字间距、行间距、图形大小，在海报中制造出一定的网格规律，并贯彻如物体和物体之间，如图 5.26。

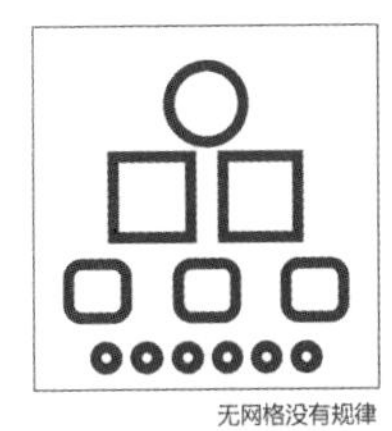

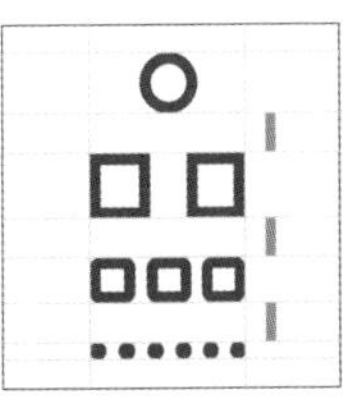
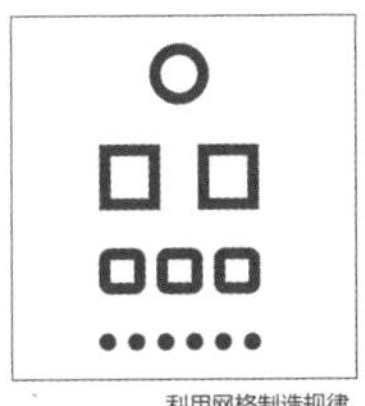

图 5.26　利用网格制造规律

图 5.26　利用网格制造规律修改后的 iPhone6 海报

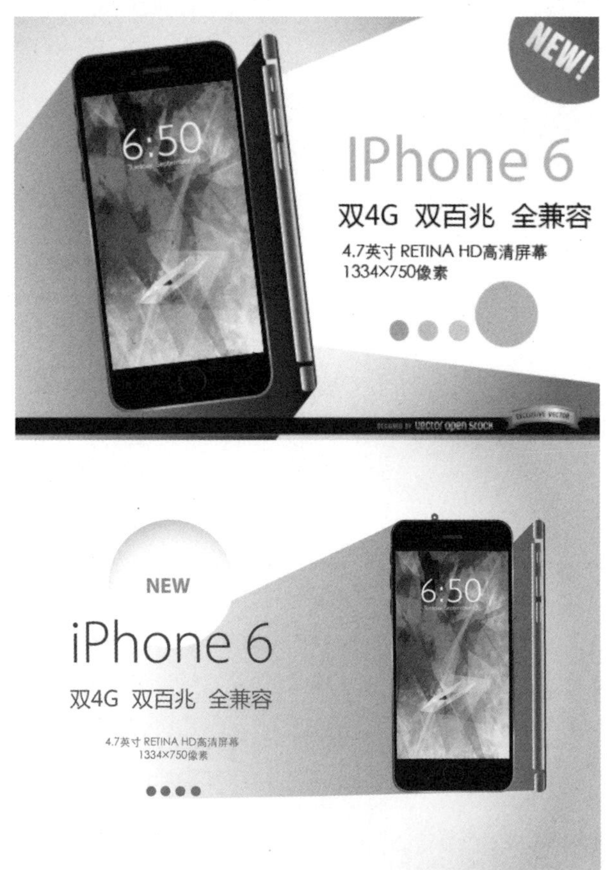

图 5.27 整理前与整理后的 iPhone6 海报的对比

将网格线撤去后，海报较之前相比，物体之间的联系更加紧密有序，并且看上去更严谨专业。这样的对比虽然没有巨大的改变，但极大程度上优化了观者的视觉，是新手走向专业的必经之路，如图 5.27 5.28。

将之前修改的图片按照信息的类别归类，并适当的调整字号与图片的大小让最重要的信息最引人注目，其次重要的信息次之，以此类推。现在，海报显得十分有条理，并且画面元素的关系显得井然有序。

综上，利用重复、对比、网格对齐原则对校园海报进行了初步的处理，使其基本达到及格标准。而大部分的海报或产品目录的排版都使用这三个原则，也就是说这三个原则是版面设计的基础技法，同学们一定要在生活中多多观察，勤加练习。

实践练习：利用重复－对比－网格的三个原则将一张简单的校园海报改良，通过置换字体、图片、元素的位置与大小等。将海报变为内容清晰具有条理，并且视觉上有一定美感的平面设计作品。

图 5.28 撤去网格后最终完成的 iPhone6 海报

技法 3 信息的整理

设计海报的目的是为了说明产品，来自产品的信息有多方面的，比如为什么设计这款产品？产品的创意点有哪些？如何使用这款产品？产品放在什么场合下使用？使用这款产品给生活带来哪些好的体验？等等。并且，信息也有主次关系，如何鲜明地表现设计信息，需要设计者正确理解设计目的，然后整理出设计的作品信息。

第一步 理解信息 将要设计的作品受众是谁？在什么地方以什么方式呈现？设计这个产品的目的是什么？需要观者接受怎样的信息？讨论理解以上问题。

第二步 提取信息 把所有要素逐一深入思考，做海报的目的是吸引更多消费者。例如制作一张液晶电视机的海报，需要在画面上表现的信息有：电视机、电视机特点、电视机尺寸说明，三方面信息。

将这些信息整理如下：

如表 5.31，考虑到“浮空映画”是表现电视机特点的设计文案，也是海报中起到标题概括的作用，因此放在主要位置，次要位置是表现海报的主角——电视机，电视机的呈现方式考虑到外形上除了薄没有其他需要强调的特点，因此表现电视机的图片，仅需要一张侧面一点，能够表现电视机薄的图就可以了。最后表现电视机如何“浮空映画”，将电视机如何薄加以说明：薄约 4.9 毫米， 这里采用数字 4.9 和电视机侧视图图文并茂的方式呈现，加深观者对数字与外形的印象。

表 5.31 信息的提取

	信息	呈现方式
主要 次要	特点：浮空映画 电视机	文字 图片
不重要	尺寸：薄约 4.9 毫米	文字 + 图片

表 5.31　信息整理

第三步 信息布置 虽然说这一步是将提取的要素陈列出来，但是单纯地摆在一起会显得单调乏味，这里需要做的是将重要的内容放在醒目位置并放大，不重要的内容缩小，让周围的空间增多。

人们阅读的视觉习惯通常如图 5.32 中 A – B – C 的顺序，也就是先左上角，其次上半部分，其次下半部分。实际上这也是报纸、宣传册排版的规律，人们习惯于这种规律后也将这种习惯带到其他事物上。但这种规律不适用于所有海报，比如中心点排版的海报，

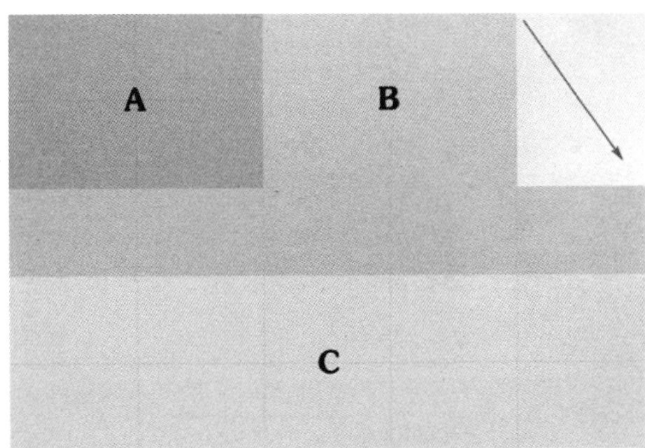

图 5.32　阅读习惯中视觉的先后移动顺序

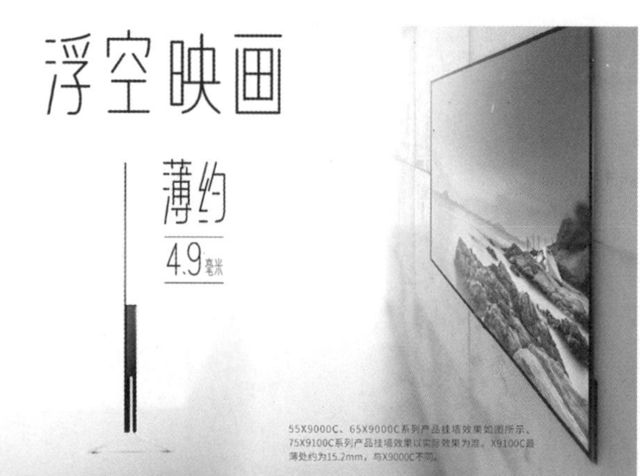

图 5.33　Sony BRAVIA 液晶电视机海报（来源：中国索尼官网）

图 5.34　视觉的引导

版面信息量较少留白较多的海报，都可以做到先将人的视线吸引到 A 区以外的地方。

利用人阅读习惯中视觉的先后顺序的特点，我们把提取到的信息按照 A – B – C 的顺序排列，得到图 5.33。同时，文字的字体设计采用简约的竖型字体，突出“轻、薄”的特点，海报背景采用冷色调把相应的气氛烘托出来，并在标题处留白，给文字标题强烈的黑白对比，将主要信息最强烈地表现出来。

不过，在阅读平面海报时，视觉路线并不一定既定的，在特定的情况中，还会受到海报中元素的大小、元素内容、元素的色彩等因素左右，如图 5.34。一般来说，视线会先被体积大的元素吸引，会被颜色鲜艳的元素吸引，会被内容易懂的元素吸引。除此之外，还有元素的位置、排列、角度等影响因素。当最吸引视线的元素不在 A 区域时，此类海报的风格会给人不循规蹈矩、另类的感觉。在平时的训练中，也要注意利用改变元素的大小、内容、色彩等因素，强调想要观众首先注意到的元素。

实践练习：按照理解信息－提取信息－信息布置的方法制作一份产品海报。

技法 4　建立条理

专业设计师设计出来的海报，和业余设计师的设计作品之间的差异，在于是否连 1 毫米以内的细节都要深思熟虑，运用排列、对齐等手段使设计恰到好处。没有这种思维意识，作品看起来总感觉松散无序。在整个海报中，都应该做到对齐一致。如文章开头（一行的开始部分）、文章的结尾、文字与图片或插图的组合、图像和图像等同类要素的位置和大小等，如图 5.41（1），基本上要把文字的开头结尾对齐。但是根据设计的需要，也只有把开头部分对齐或居中对齐的情况。

其次的注意要点是：图像和图像，图像和文字之间的间隔大小。例如在同一页面或同一本书中，需要加入许多图片及其文字解说所组成的小板块时，要是把图片和解说之间的间隙定位 1 厘米的话，则每个小

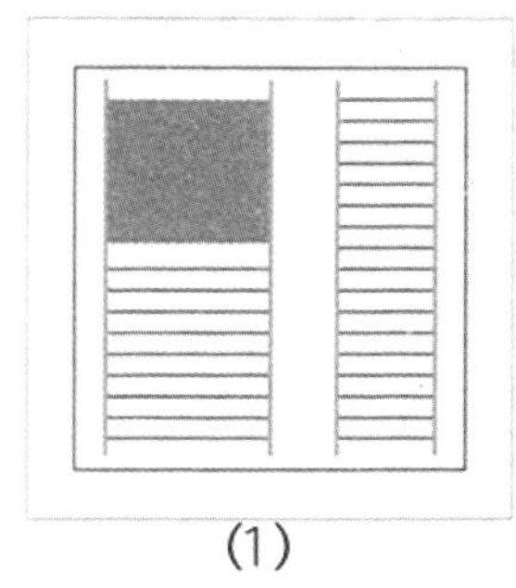

(1)

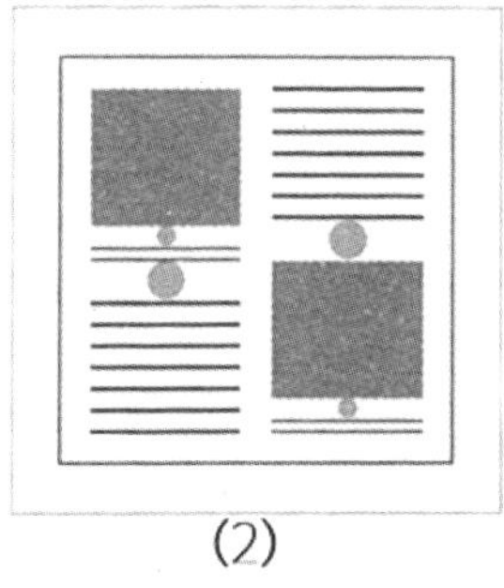

(2)

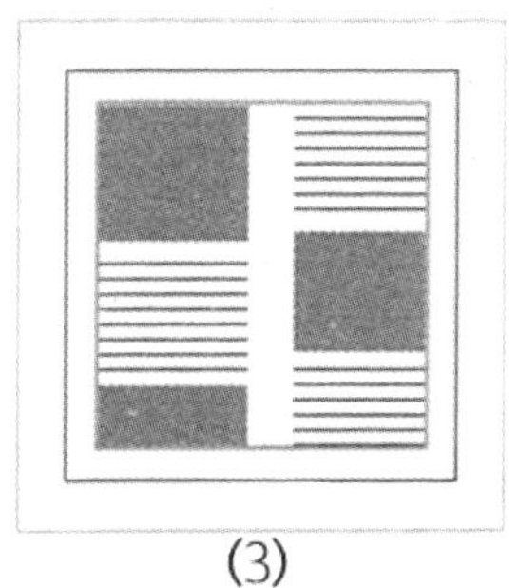

(3)

(4)

图 5.41　通过排列对齐让图像与文字有条理性（图片来源：《版面设计的原理》 作者：伊达千代等）

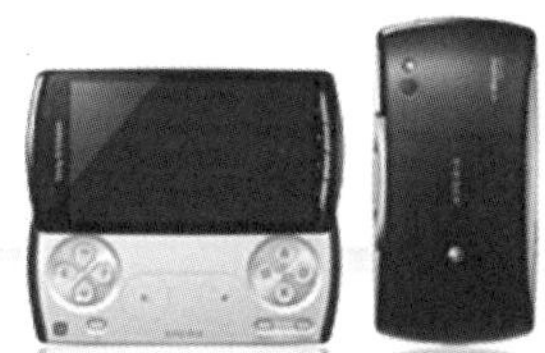

图 5.42　Sony PlayStation Certifled 智能手机海报设计（来源：日本索尼官网）

板块都必须保持相同的间隔。如图 5.41（2）。

最后一定不能忘记的是，要在叫做版心假想边框里进行对齐设计。版心的位置依作品而异，而且设计者也要考虑怎样设定版心更加恰当合理，但无论如何所有要素均要集中在规定要的版心中，如图 5.41（3）。若根据这个规定将各部分对齐，对齐的位置应该能呈现出直线的状态。这条直线让设计作品显得有条理性，如图 5.41（4）。

这张海报运用了把文字各行开头对齐的方法，把每行文字开头对齐就会出现假想标准线。再把所有要素在假想框四面的边角位置靠齐，给人以清爽整洁、有条理的感觉，如图 5.42。

在版面里编排的插图或文字越多，越显得杂乱无章。如置之不理，会让阅读变得很费劲。所以在编排繁杂要素时，要尽可能设计得简捷有序。

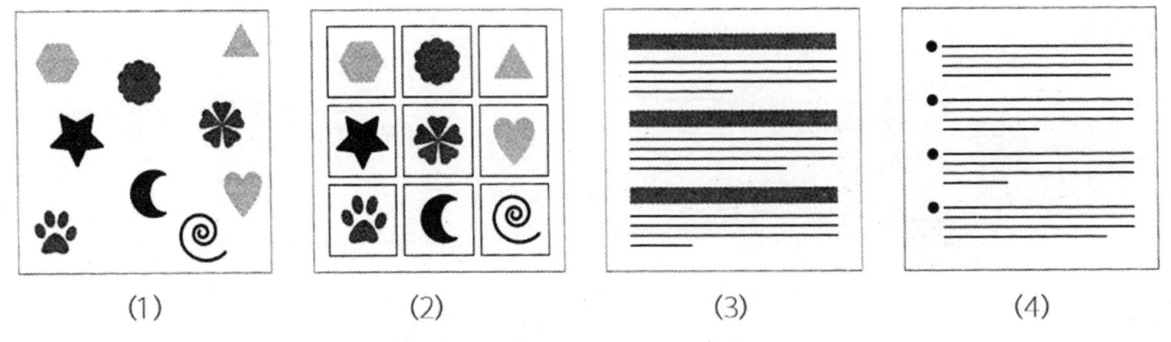

图 5.43　通过构成与重复让图像与文字具有条理性（图片来源：《版面设计的原理》　作者：伊达千代等）

图 5.44　Sony 手持摄像机海报设计（来源：日本索尼官网）

需要编排的要素重要度相同，难以用区分大小或贴近群组的方法显得有条理性的时候，有效的方法是让要素具有“规则性”。如图 5.43（1）中，聚集了完全没有规则的图形，使读者的视线混乱，感觉毫无章法，但要把这些图形放在同样形状的框里，以等间距排列，看起来就整洁多了，如图 5.43（2）。

如果要按一定规律编排要素，只要强调这种规律就可以使人感觉出条理性。人的肉眼不能同时处理庞大的信息，但只要把信息适当的甄选、精简，问题就解决了。因此，只需要把希望观者注意的，也就是重要的信息挑选出来，作突显强调处理，如图 5.43（3）、（4）。这种方法在编排篇幅很长的文章中时很有效果。要点是用重复的手法来设计需要突显的文字块或设计中的点缀要素。这样一来，不但方便读者寻找需要的信息，而且也易于读者把握整体的设计意图。

这张海报将一个产品的不同属性同时表现出来，运用了构成与重复的技法，文字大小、字体、颜色、形状要素都被统一，重复同样的格式能够让整体显得整齐易读，如图 5.44。

实践练习：使用排列与对齐、构成与重复的技法，为自己设计的产品设计一份大信息量的海报，做到图像与文字具有条理性。

技法 5　点、线、面与重心轴线

一张海报的精气神在于贯穿海报重要信息元素的重心与轴线，它们引导观者的视线，吸引观者的注意力，是海报中最值得花时间斟酌的地方。而分析海报的重心与轴线，通常是由“点、线、面”的形式构成的。

什么是“点、线、面”？

点：单独存在的一个元素。可以是一个符号，或者是一个字，或者是一个图形，也可以就是一个点，单独的点有聚焦观者注意力的效果。

线：连续起来的一条内容。可以是一条线，或者符号或图形构成的线，又或者在画面中显得像一条线，有着引导观者视线的效果。

面：与点相较是面积较大的文字或图形，也可以

图 5.51　海报中“点”的运用

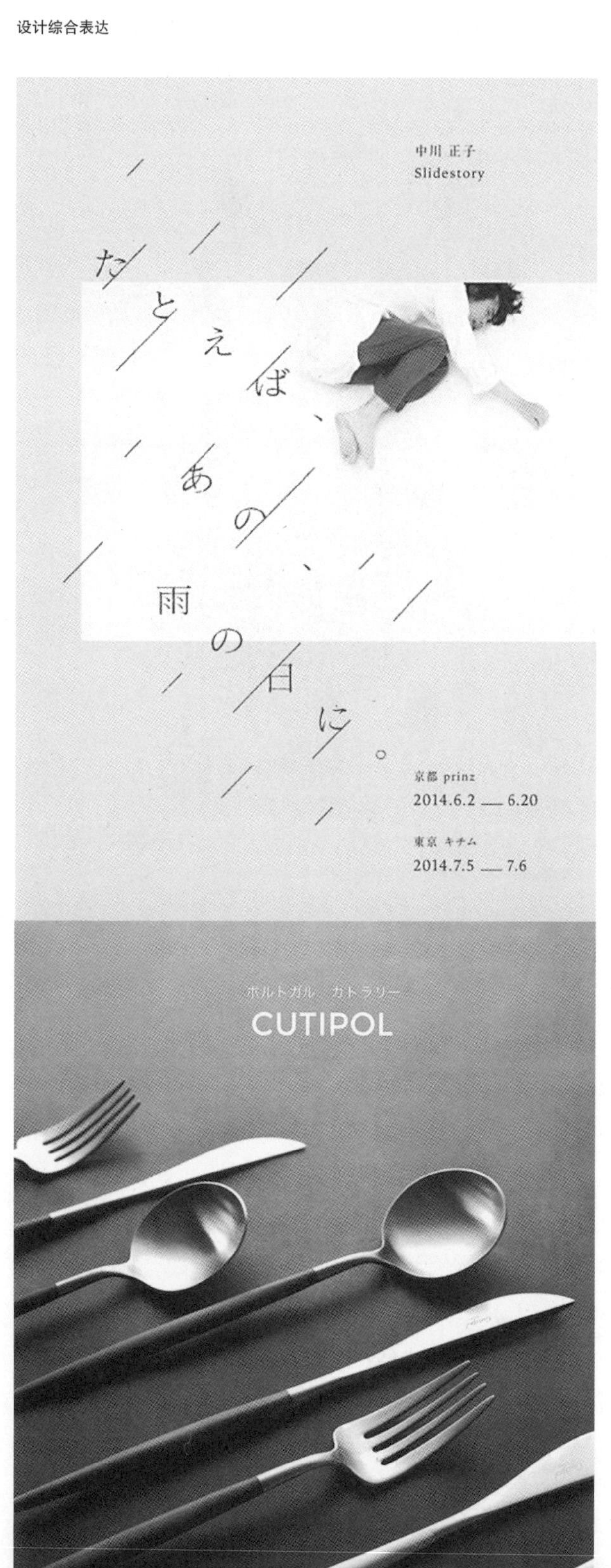

图 5.52 海报中“线”的运用

图 5.53 海报中“面”的运用

是多个文字，多个符号组合或一张图片，看上去像一个面。画面中大面积的面有吸引观者注意力的效果。

既然我们找到了“点、线、面”的特点与对应的效果，我们就可以系统的规划海报中的图形文字元素，让它们通过更有效的组合方式达到设计师希望传达给观者的效果，这其中包括：最希望观者第一眼注意到什么？其次注意到什么？注意力集中在哪个部分？在观看海报有限的时间里主要阅读哪些部分？好的“点、线、面”的运用能够精准的表达设计师的意图，并成功的传递给观者，甚至控制观者的感受。

用文字来举例说明，一段文字中，取最重要的一个字放大，形成“点”的效果，可以巧妙的吸引观者聚焦这个字的意思，并能快速扫描一句话的含义。将这句话排列成直线或曲线，就显得没有那么引人注目，但是可以作为次要元素与图片主要元素呼应，平衡画面关系。在组成斜线或曲线时，也可以成功的吸引观者注意，起到引导和点缀的效果。如果将这段文字打碎，放大，编排成“面”的效果，占据画面较大的面积，则可以让观者印象深刻的完整注意，并理解这一句话的意思。如图 5.51 5.52 5.53。

什么是重心和轴线？

重心：是一块大小占据版面四成以上规则或不规则的“面”，是海报是视觉中心。

轴线：分主轴和副轴，把某一类文字信息或图片联系在一条线上。

注意要分清楚参考线和轴线的区别，它们的功能一个是对齐，一个是联系。

以下是对重心和轴线的举例说明：

图 5.52 这个简单的例子是说明，当你看到某一类文字全部对齐在某一条线上时，你会自然把他们联系起来看成是一个整体。当这类文字有一部分都离开这条轴线时，在你的视觉变成了有两条轴线，自然就看成了两个没有联系的内容。因此，活用点、线、面元素，将没有联系的物体构成引人入胜的轴线，并按照内容重要程度确定布局构成重心，如下图手持吸尘器的排版，相比较其他版面，利用左右两边的带透视的矩形和线条，将观者的视线引导至画面中心。

此外，在排版时，由于轴线的构成不一定靠物体

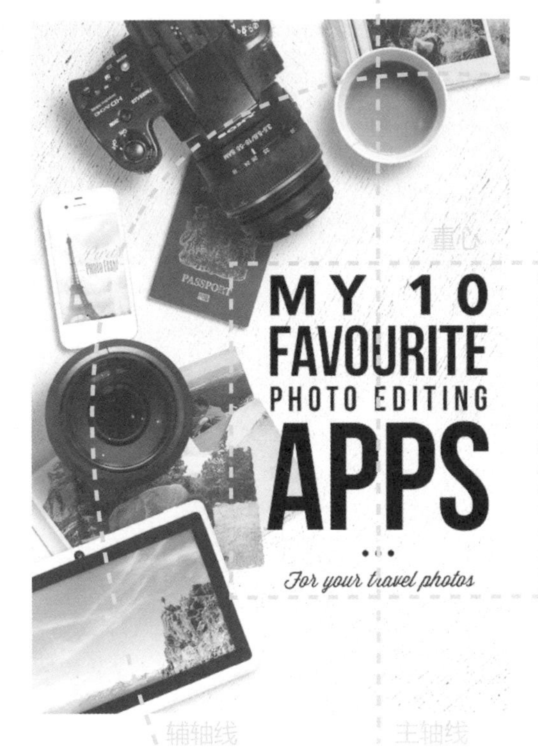

5.52　重心与轴线

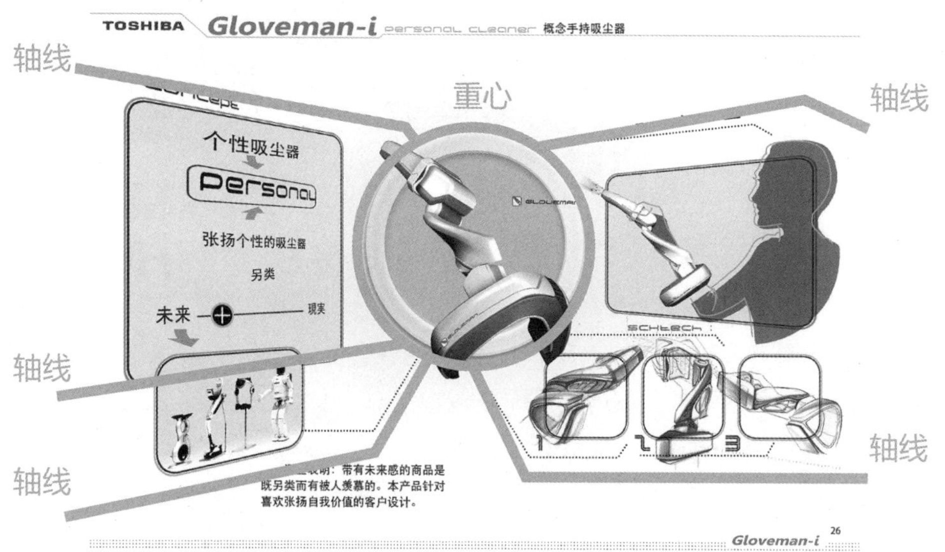

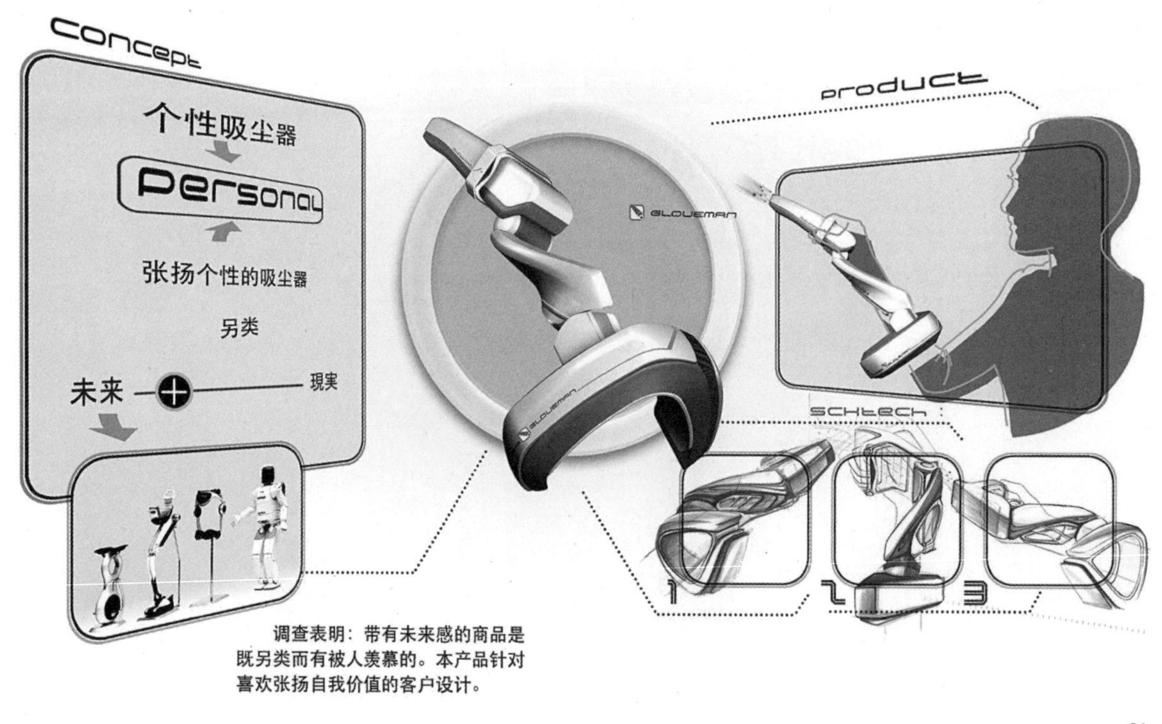

5.53 重心与轴线的应用(1)(作者：王倩)

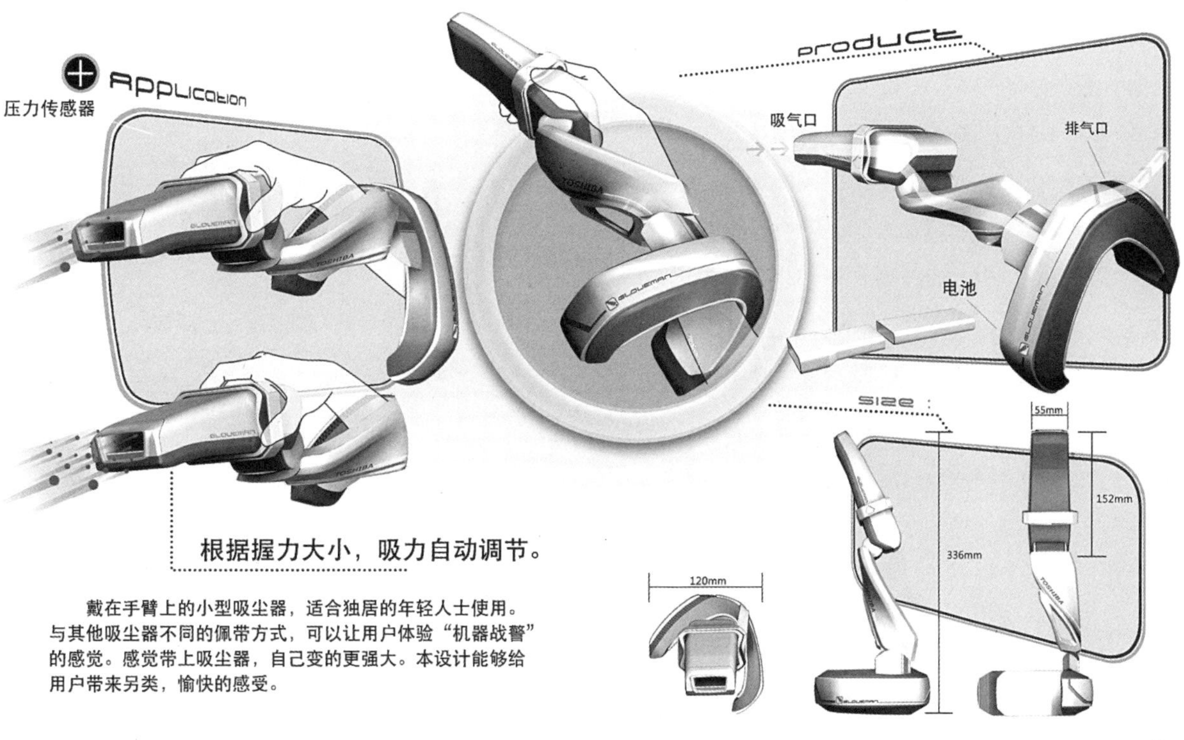
TOSHIBA
Gloveman-i
personal cleaner
概念手持吸尘器
Application
压力传感器
product
吸气口
排气口
电池
size :
55mm
152mm
336mm
120mm
根据握力大小，吸力自动调节。
戴在手臂上的小型吸尘器，适合独居的年轻人士使用。与其他吸尘器不同的佩带方式，可以让用户体验"机器战警"的感觉。感觉带上吸尘器，自己变的更强大。本设计能够给用户带来另类，愉快的感受。
27

5.54　重心与轴线的应用（2）（作者：王倩）

的组合排列，标题框、背景框等元素也是非常重要的。设计出符合版面风格的标题框、背景框，让其在版面中既不突兀又能起到轴线的作用，是新手需要通过多次实践习得的技巧，在实践学习中，也需要积累制作好看而不突兀的标题框、背景框的设计经验。

实践练习：使用重心与轴线的原则制作一个产品设计海报。

技法 6 找寻合适的字体。

中文字体大致可以分为两种类型：衬线字体与无衬线字体，如图 5.611。无衬线字体就是指字体的每一笔画结构上都保持一样的粗细比例，没有任何修饰，而衬线字体不一样，衬线字体有边缘的装饰部分，粗细不一，比如横宽竖细。中文中的宋体就是一种最标准的衬线字体，由于其字体结构与手写钢笔字体一致，符合读者的阅读习惯，因此被广泛用于报纸、课本、产品说明书等印刷刊物的正文中。 但由于横线细竖线粗的特点，远看时横线弱化，与黑体相比显得有些柔弱无力，识别性不及黑体。黑体虽然没有衬线，但是黑体的笔画是经过精心设计，并不是均匀的粗细，在笔画外端被有意识地放大了。虽然不是很明显，但是同样成功地增加了可阅读性。同时，黑体方块的笔画边缘也比圆滑的笔画边缘更易于识别，加上与宋体相近的字形结构，黑体使用最广泛的标题字体和仅次于宋体被广泛使用的正文字体。黑体家族数目众多，我们看到的常用中等线和细等线都是属于黑体家族。由于黑体的笔画横竖基本一致，能够达到最大的识别性，因此成为广告和海报中最常用的字体。除此之外，无衬线字体相较衬线字体往往给人干净利落、年轻前卫等印象，比如数码产品的海报标题通常不会出现衬线字体。衬线字体相对无衬线字体有文艺复古、亲和力等特点，比如文化创意产品的海报标题通常会使用衬线字体，如图 5.612。

除了衬线字体与无衬线字体，还有一类圆体，实际上，圆体属于美术字范畴，没有严格的字体模版可循，形态结构上随意圆滑，是为了追求趣味性或吸引

衬线字体（华文中宋）
无衬线字体（微软雅黑）

图 5.611 衬线字体与无衬线字体

衬线字体	无衬线字体
复古场合	现代场合
报刊杂志正文	海报中计算机中可读性强
婉约文艺	简单有力

图 5.612 衬线字体与无衬线字体的区别

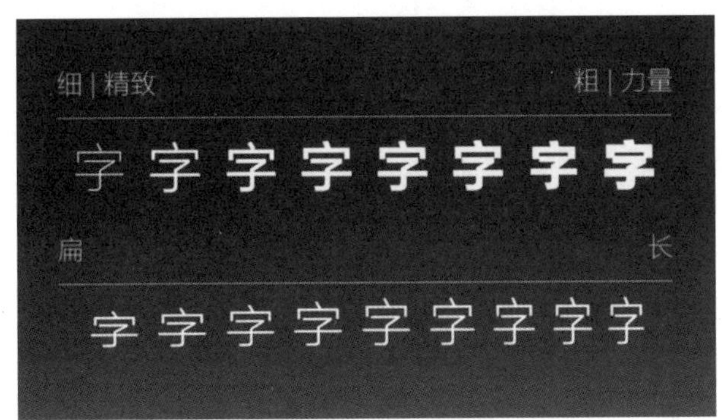

图 5.613　上为方正兰亭系列，下为汉仪旗黑系列

读者的注意力产生的字体，过于富有艺术性缺乏严谨，不适合作为阅读正文字体，适合在特定场合作为吸引读者注意力的标题字体。

初学者在种类繁多的字体库中选择字体时，常常会审美疲劳，不知如何选择。在选择字体之前，应对海报中字体形状要表达的形象风格有大致的构思，比如用在海报的标题字体是要表现粗壮有力，给人积极进取的印象；还是要表现挺拔纤细，给人轻盈、精致的印象，可以通过改变字体的粗细来调整效果。通过改变字体形状或扁或长，也可以在敦实可靠和灵活睿智中切换风格，如图 5.613。

常用、好用的字体有哪些？在这里，如下图 5.614 按照字体表现的常用风格进行分类：有普通的不出错字体、纤细字体、复古字体、女性时尚、男性力量、

普通的不出错字体	纤细字体	男性力量
微软雅黑系列	汉仪旗黑　25	方正超粗黑GBK
方正兰亭系列	方正兰亭纤墨	造字工房劲黑
华文细黑	方正兰亭纤墨	汉仪旗黑 105

书法字体	复古字体	女性时尚
字酷堂清楷體	造字工房刻宋	造字工房俊雅锐宋
日本毛筆字体	小塚明朝	造字工房悦黑
叶根友刀锋黑	文悦古體仿宋	方正风雅宋

图 5.614　常用，好用的中文字体

书法字体。其中，不出错字体也就是我们使用最频繁的字体，同时放在大部分场合中不会出错的字体，如微软雅黑、方正兰亭、华文细黑等。

当设计师缺乏足够的设计经验和用字经验时，应针对设计项目选择该领域对应的字体为宜。比如庄重的场合适合传统黑体，典雅环境选择宋体，古典的氛围则适用书法字体，科技或时尚领域更适合时尚化创意黑体。标题字宜偏粗重，正文字则宜中粗偏细，中、西文所选取的衬线与无衬线体最好一一对应。

字体，是文字的表现形式，文字的横竖撇捺的形状是文字的风格触感，我们首先要摸清楚所有字体的风格，然后再因地制宜，根据我们需要设计的项目区选择字体。

好用、常用的中文无衬线字体

首先，作为现代人，我们接触的最多的，是黑体。

黑体伴随着电子信息时代产生，具备无衬线字体的简单明快、现代感的特点，适用范围广，中性，无明显感情等特点。黑体粗体（bold）与轻量体（light）给人的感觉又不尽相同，我们在选择字体时需要注意在软件界面中选择合适的粗细。例如，汉仪旗黑从粗体到轻量体共有 71 款粗细宽窄不同的字体可以选择。造字工房尚黑与造字工房悦黑，这两款字体，前者相对于方正兰亭和汉仪旗黑系列转折处圆角放大了，字体更圆润。由于黑体已经被滥用于城市生活中的各个角落，在版面标题中使用黑体未免太过于呆板，没有新意。这些字体作为对黑体的补充，既可以让版面保持简洁大方，又可以做到不落俗套，有设计感，如图 5.615。

造字工房劲黑字体转角干脆利落，均为直线，给人刚硬强劲的感觉，如图 5.616。

汉仪菱心体简比造字工房劲黑明快一点，没那么饱满，同样字体轮廓坚硬刚毅，笔划刚劲有力，如图

图 5.615　造字工房尚黑与造字工房悦黑

图 5.616　造字工房劲黑

图 5.617　汉仪菱心体简

图 5.618　文艺 APP 中的衬线字体

秋水共長空一色

图 5.619　小塚明朝

图 5.620　康熙字典体

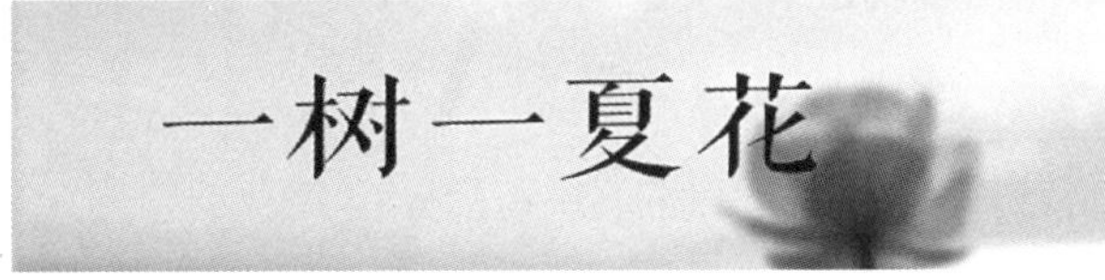

图 5.621　方正清刻本悦宋

图 5.622　方正宋刻本秀楷

图 5.623　方正雅宋系列字体

5.617。

好用、常用的中文衬线字体

衬线字体比无衬线字体更富于变化，然而，同样是衬线字体却可以呈现出不同的风格，比如有的衬线字体延续了古代名家书法的特征，可以呈现出复古、文艺的感觉。例如，有些文艺风格的应用 APP 就用到了衬线字体，如图 5.618。有的衬线体在力求简洁，在手写体的基础上融合黑体的特征，可以呈现出饱含简约风格的现代美感。例如，小塚明朝字体既保留了一部分古风，同时因为是印刷体所以有较好的可读性，如图 5.619。

另外，比小塚明朝更加古典的是康熙字典体，如图 5.620。

方正清刻本悦宋是清华大学美术学院视觉传达专业字体设计师杨雁的设计作品，追求古朴自然美，字体比较修长，如图 5.621。

图 5.625　文悦古体仿宋秦淮灯彩作品介绍

常用、好用的英文字体

首先推荐 Futura 字体。这个字体继承包豪斯的设计理念，很有现代风格，看着非常舒服，适合印刷排版和设计，如图 5.627。

DIN 字体，在德国的交通标识和公共空间中已经效力数十年，字体历史里的"德国制造"，代表了一种把简单的解决办法标准化的思想。这个是在标准网格上创造出来的字体，非常适合设计，如图 5.628。

Frutiger 字体，简单易懂又有意思，一般用于导视系统设计领域，如图 5.629。

Verdana 字体，是以 Frutiger 字体为蓝本设计的，目的是将其改造成适合屏幕的字体，很多网页和 UI 设计经常用到这个字体，如图 5.630。

Optima 字体，一种富有人文主义情怀的字体，Optima 字体严格遵循了黄金分割原则，有着优美的比例，是十分受大众喜爱的字体，如图 5.631。

Consolas 字体，程序设计常用到的字体，这个字体的特别之处在于即使缩小很多也能保证识别性，迎合程序员快速阅读代码的需要。如图 5.632。

Arial 字体，微软御用字体，设计的目的是增强电脑屏幕上不同分辨率下的可读性，属于万能字体。比较普通，不易出现违和感。和 Helvetica 字体很相似，如图 5.633。

Adele 字体纤细饱满，很有视觉效果，如图 5.634。

Helvetica 字体，无衬线字体经典之作。是世界排名第一的字体，被无数的企业使用作为标准字，也是苹果电脑的御用字体。这个字体适合各个领域，是现主义设计的典范，如图 5.635。

实践练习：将推荐的常用、好用的字体下载安装在电脑上，并且熟记字体的造型和名称。

ABCDEFGHIJKLMNOPQRSTUVWXYZ
abcdefghijklmnopqrstuvwxyz
0123456789

图 5.635 Helvetica 字体

ABCDEFGHIJKLMNOPQRSTUVWXYZ
abcdefghijklmnopqrstuvwxyz
0123456789

图 5.627 Futura 字体

ABCDEFGHIJKLMNOPQRSTUVWXYZ
abcdefghijklmnopqrstuvwxyz
0123456789

图 5.628 DIN 字体

ABCDEFGHIJKLMNOPQRSTUVWXYZ
abcdefghijklmnopqrstuvwxyz
0123456789

图 5.629 Frutiger 字体

ABCDEFGHIJKLMNOPQRSTUVWXYZ
abcdefghijklmnopqrstuvwxyz
0123456789

图 5.630 Verdana 字体

ABCDEFGHIJKLMNOPQRSTUVWXYZ
abcdefghijklmnopqrstuvwxyz
0123456789

图 5.631 Optima 字体

ABCDEFGHIJKLMNOPQRSTUVWXYZ
abcdefghijklmnopqrstuvwxyz
0123456789

图 5.632 Consolas 字体

ABCDEFGHIJKLMNOPQRSTUVWXYZ
abcdefghijklmnopqrstuvwxyz
0123456789

图 5.633 Arial 字体

ABCDEFGHIJKLMNOPQRSTUVWXYZ
abcdefghijklmnopqrstuvwxyz
0123456789

图 5.634 Adele 字体

技法 7　将字体安放在合适的场景中

文字的种类和它的组成构造，是设计师必须学习的知识。

在平面设计中，不可避免的要遇到文字的设计。即便是平常见惯用惯的文字，依设计或构造不同所产生的视觉效果也大不一样。不同的字体放在海报中由于字形让人们阅读经验引发的联想，会传达出文字内容以外字体的含义。例如民国画报上出现的美术字体让人感受到那个时代的文化氛围，下图中一些美术字体，受中国传统字体，美学手写体和当时印刷技术的影响，又追求个性化的表现。根据书刊整体装帧的旨趣和需要，字体被设计成丰富多样的形态与风格。但由于技术的限制，民国海报文字多数为手绘，当时的美术字体在视觉上急于打破常规，求得一种稚拙、新奇乃至突兀的夺目效果和感染力量，与现在流行的字体相比较多了一些质朴、大胆的味道，如图 5.71。

图 5.71　民国海报中的字体设计

例如图 5.72 中，中式家居产品的海报中需要体现中式风格，又需要体现其品牌的中对文化、美学的追求，采用了娟秀的毛笔手写体。

图 5.72　中式家居产品展览海报、
（图片来源：知乎网 LemonAde 的回答）

日本简约美学代表设计师原研哉先生为无印良品两款不同风格的产品设计海报时，选用的字体也是不同的。如图 5.73，在为木材质家具设计海报时，注意营造温暖、自然、古朴的气氛，因此选用书法字体。在为现代简约风格塑料质感产品设计海报时，选用简洁明快的现代黑体。

在文字与图片内容较多的版式中，大标题与小标题，大标题和前言的距离比较贴近时，需要将大标题做得粗大一些，并且用字体的粗细度加以区别，甚至使用不同的字体。主要段落与次要段落用颜色加以区分。在文字段落排列时，注意与图片之间的关系，留白，段落的形状，可以参考图片的形状风格决定，如图 5.74，是原研哉为无印良品设计的产品目录内页，设计师考虑无印良品的简约风格，在版式中采用了统一字体。这使整个版面显得和谐有序，但过于朴素，这和无印良品的品牌风格相符。在版式中，图片文字以外采用大量留白，正文颜色与底色对比不强烈，大段落的文字排列成长条形状，这些手法都在营造着轻

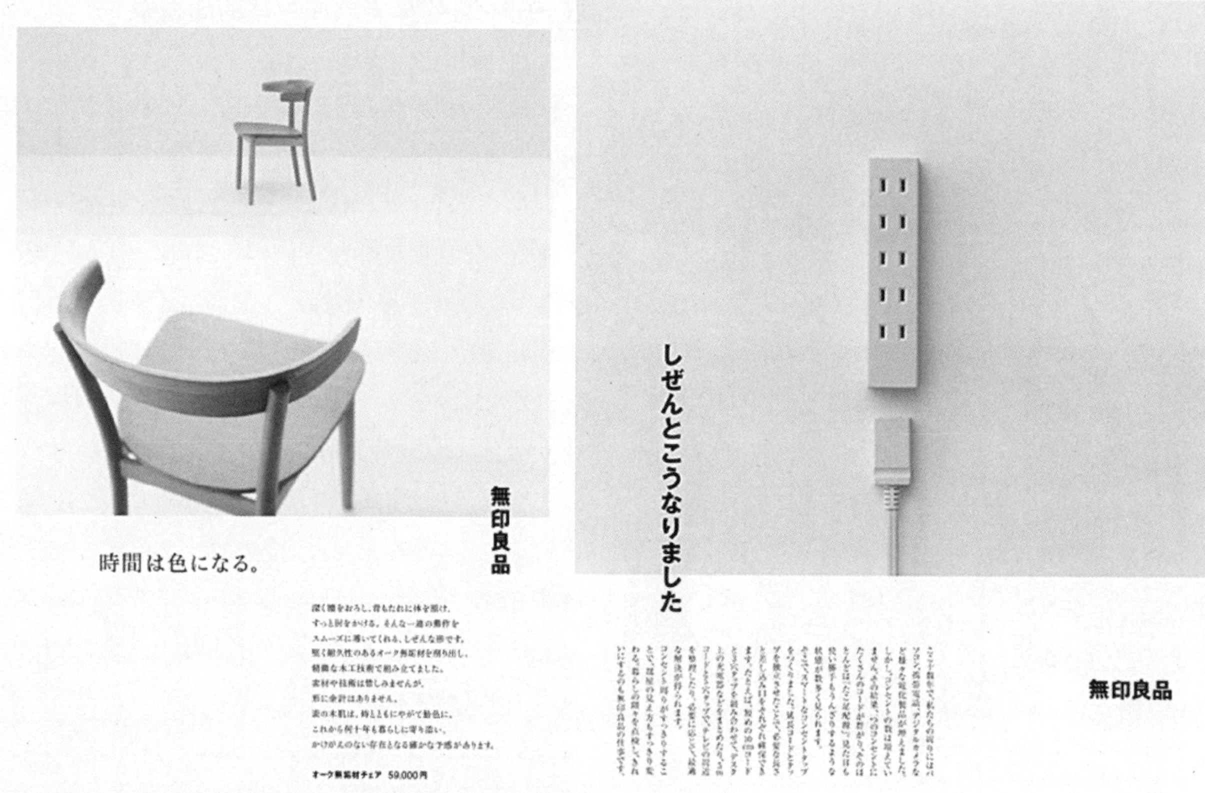

图 5.73 原研哉为无印良品产品设计的海报（来源：日本无印良品官网）

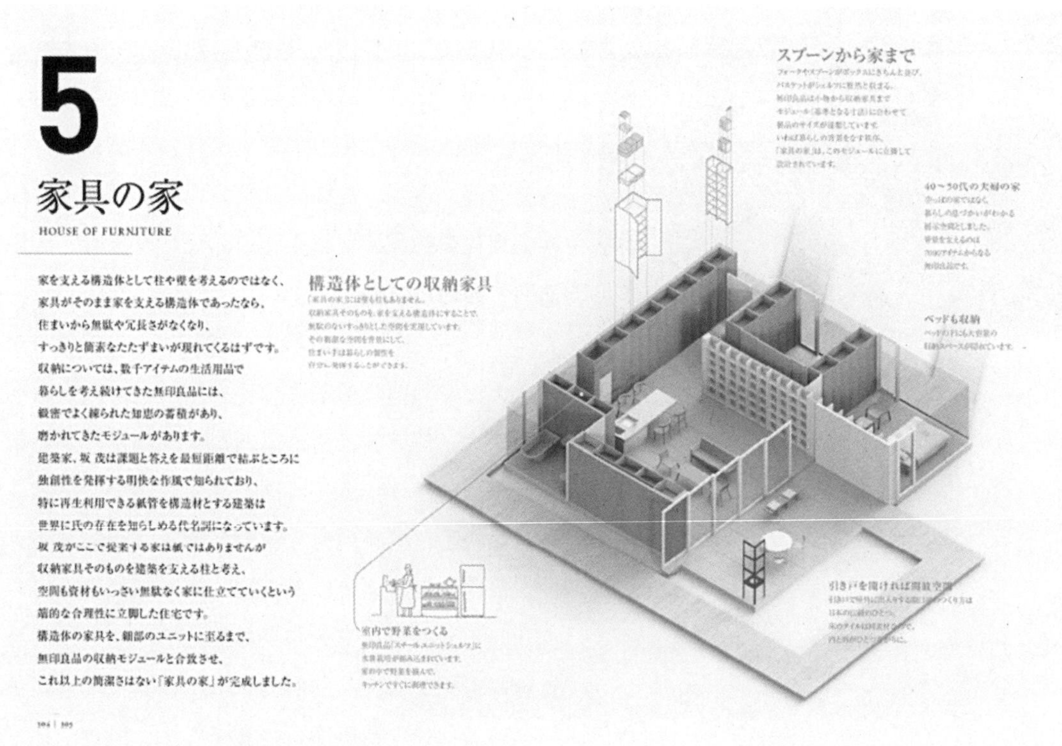

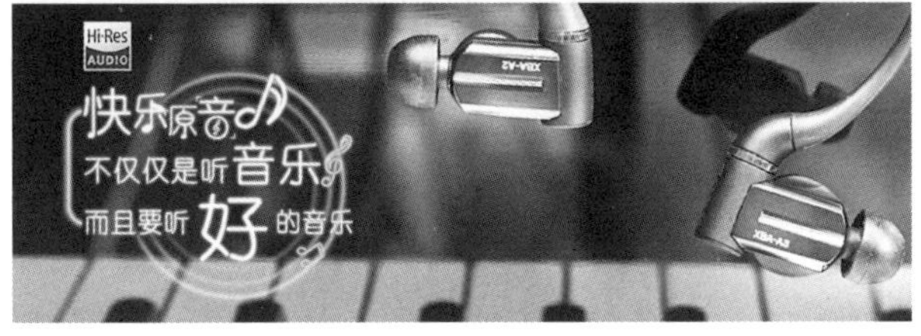

图 5.75　松下空调海报、索尼官网中的美术字体
（来源：中国松下、中国索尼官网）

盈、单纯的氛围，与产品的气质相符。

设计师在原有字体的基础上加以变形成为美术字体，通过造型强调文字表达的意境，或通过与图像组合让文字内容更形象化，可以让观者在阅读标题的同时感受到图形化的信息。美术字体的好处在于导入了文字与图形的双重要素，可以在很短的时间里让观者接触到更多的信息。如图 5.75。

实践作业：为自己设计的产品制作一张海报，要求为海报的标题、正文搜索设计相应的字体，选择的字体应体现产品的风格特征与设计师想要表达的情感。

ことができてとても嬉しく感じています。

今ある素材の意味を置き換える

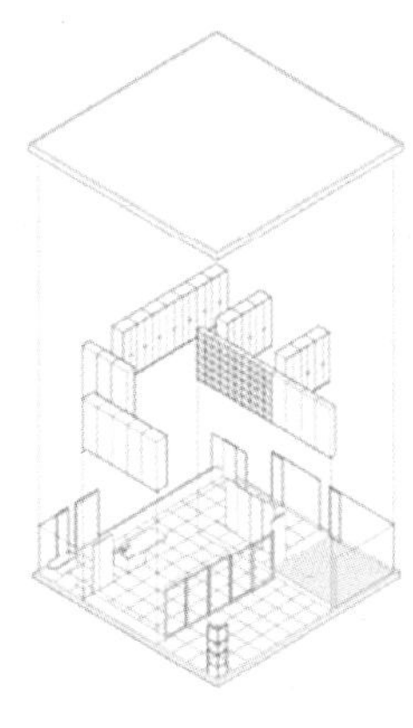

「家具の家」の着想は、阪神・淡路大震災がきっかけでした。当時、多くの人が地震で倒れてきた家具によって怪我をしたり亡くなったりした反面、家具と家具の間にいたために落ちてくる屋根から身を守ることができ、命拾いをしたという話をよく聞きました。家具とはそれほど重く、頑丈なものなのかと思い実験を試みたところ、住宅の主構造になるほどの耐久性を持つことが判明しました。ならば最初から構造体にしてみようと考え、生まれたのが「家具の家」です。
家具そのものが構造体ですから、この家には壁や柱がありません。また断熱、内外装から塗装に至るまでを工場で行うので、建築としての高いクオリティを保ちながら、特殊な技術を用いなくても誰でも簡単に組み立てることが可能です。現場での作業量も減るので、ゴミを出すことも少なくなり、工期や人件費も大幅に削減できます。さらに今回の展覧会では、構造体である家具を細部まで無印良品の収納モジュールと一致させることで、これまで以上に無駄のない非常に簡潔な空間を実現することができました。
必要以上にものを使ったり、新しい材料を開発したりしなくても、既存の材料の意味や機能を置き換えるだけで快適で安全な家をつくることはできます。「家具の家」もその一つですが、むしろこれまでの常識では家の素材だとは考えられてこなかったものを使うことから、新しい建築は生まれてくるのではないでしょうか。

まず基盤となる床をつくる。その上に工場で組み立てた家具（=構造体）を置き、つなげていく。最後に屋根を組み上げる。

112 | 113

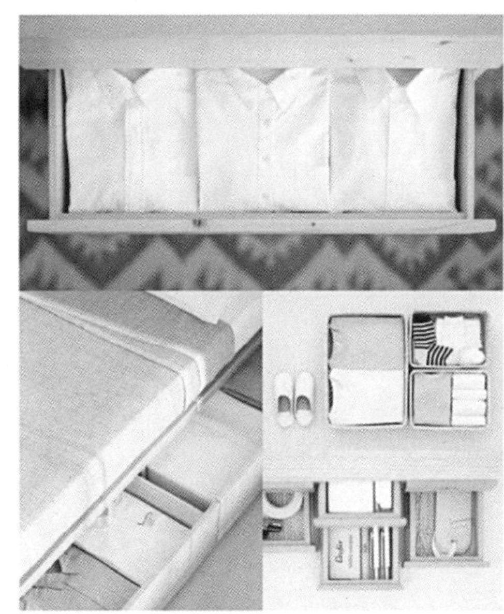

生活用品のサイズも
収納家具のモジュールを基本につくられているので、
シャツは引き出しにきちんと収まり、
文具は棚に吸い込まれるように整理される。

5 家具の家

图 5.74　原研哉为无印良品设计的目录内页（来源：日本无印良品官网）

技法 8 直线与曲线的灵活运用

直线或曲线是海报中经常使用的元素，线条性质简单，本身没有什么特别的意义。线在分割不同设计元素时，使用频率很高。线条对版面具有固定作用，可以强调版面的规律性或在毫无规律的地方建立规律，使海报具有条理性，更容易被观者理解。

线条还有一个作用，就是引导读者视线，增强元素之间的关联。例如在什么都没有的白纸上画了一条竖向直线，读者的视线自然就有了从上到下的方向感。若画了一条横向直线，视线就会有从左向右移动。此外线条将不同的要素链接，可使其被认为是一个整体。在文字块等组合的旁边加上线条，能让人理解它们是有连续性的整体，显得有条理。

在图 5.81 的左图中，充分体现了使用直线的效果，由于米道具各式各样，运用直线可以使整个版面显得整齐，因为版面中使用的是很细的直线，也给人轻松明快的感觉。右图中使用直线将图片与文字块的关系联系起来，比例优美的直线为整个版式增加了美感。

加入曲线的设计能给人带来美感。在产品海报中，

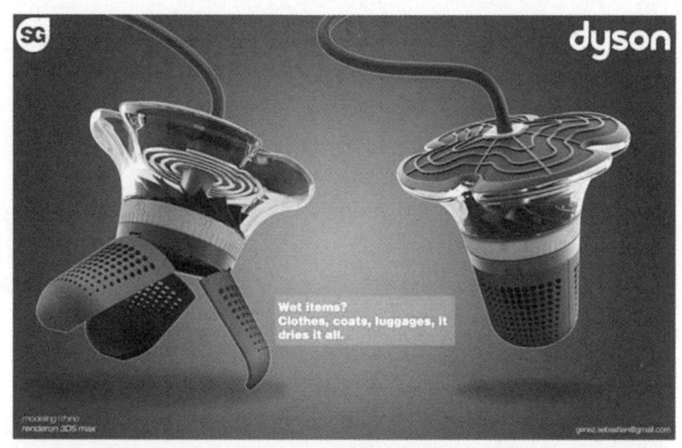

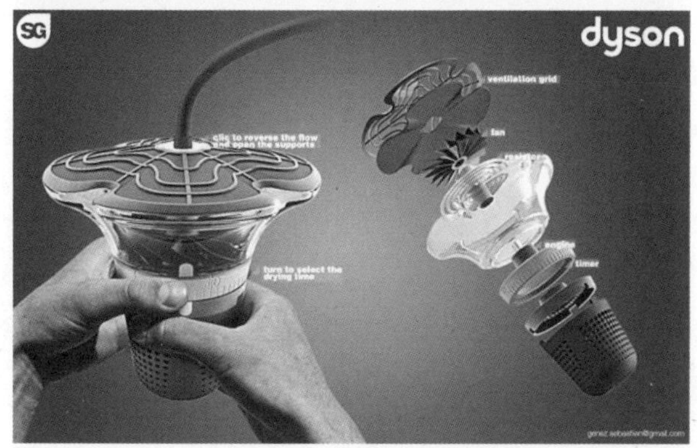

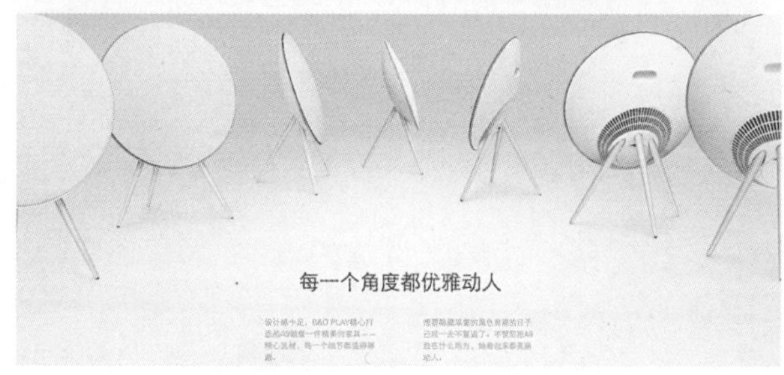

图 5.82 Dyson 与 B&O 海报中的曲线运用（来源：中国 Dyson、中国 B&O 官网）

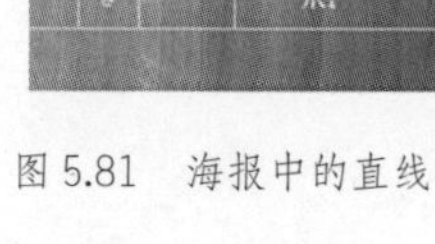

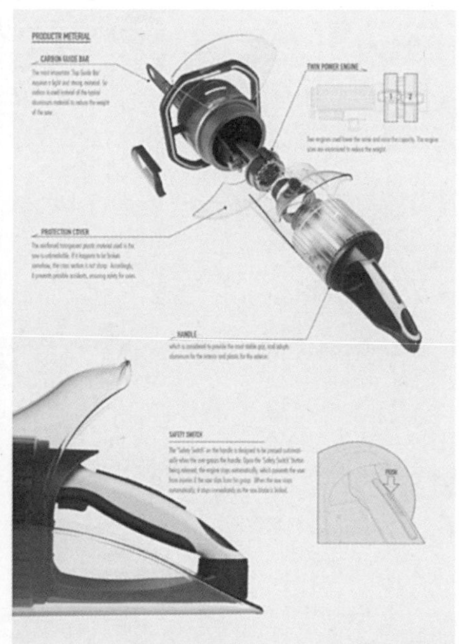

图 5.81 海报中的直线

线的元素是产品本身，比如电源线、耳机线，可以利用它们作为版面中引导视线或关联其他元素。线作为平面元素也需要设计师进行设计、斟酌。优美的线条可以打破版面的单调，制造出灵动、愉悦的氛围。如图 5.82 中 Dyson 产品的电源线将人的视线引导到产品上，优美的线条引发对产品产生好感。B&O 的音响重复排成一列，队列的线条形成曲线，不仅展示了产品的各个角度，又可以将人的视线引导至版面中间的广告语上。

实践作业：试着用直线与曲线的元素在版面上做视线引导，使海报的主题更加突出。

技法 9　人物与产品的结合

在产品海报中需要说明操作方法或操作情景时，需要利用Photoshop技术将人的图像和产品结合起来，这是非常重要的一个环节，处理得好可以让观者感同身受，精致的合成技法可以让观者感受到设计师的用心。在这里，人物和产品结合，最常见的是将人物的照片和产品结合起来，如下图 5.91。运用此方法时请注意选取照片主角的色彩姿势是否与产品相符。必要时，可以多角度展示。

此外，当没有精美人物照片时，可以用 PS 等图像工具对精度不够的照片稍作调整，或勾勒人物的大致形状，或手绘，模拟人物造型，如下图 5.92 5.93 5.94。

图 5.91　虚化处理的照片与产品结合（来源：日本金沢工艺美术大学官网）

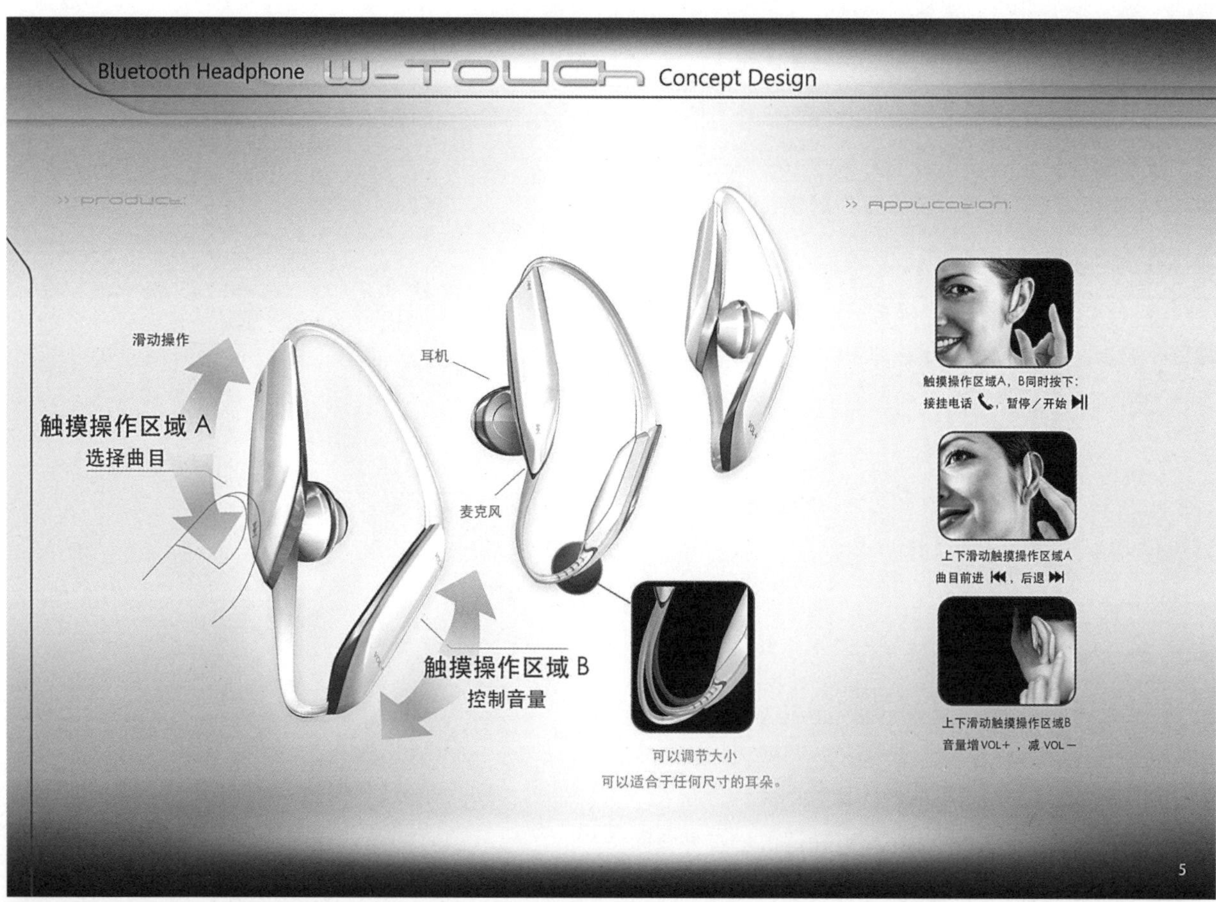

图 5.91　运动耳机设计海报（作者：王倩）

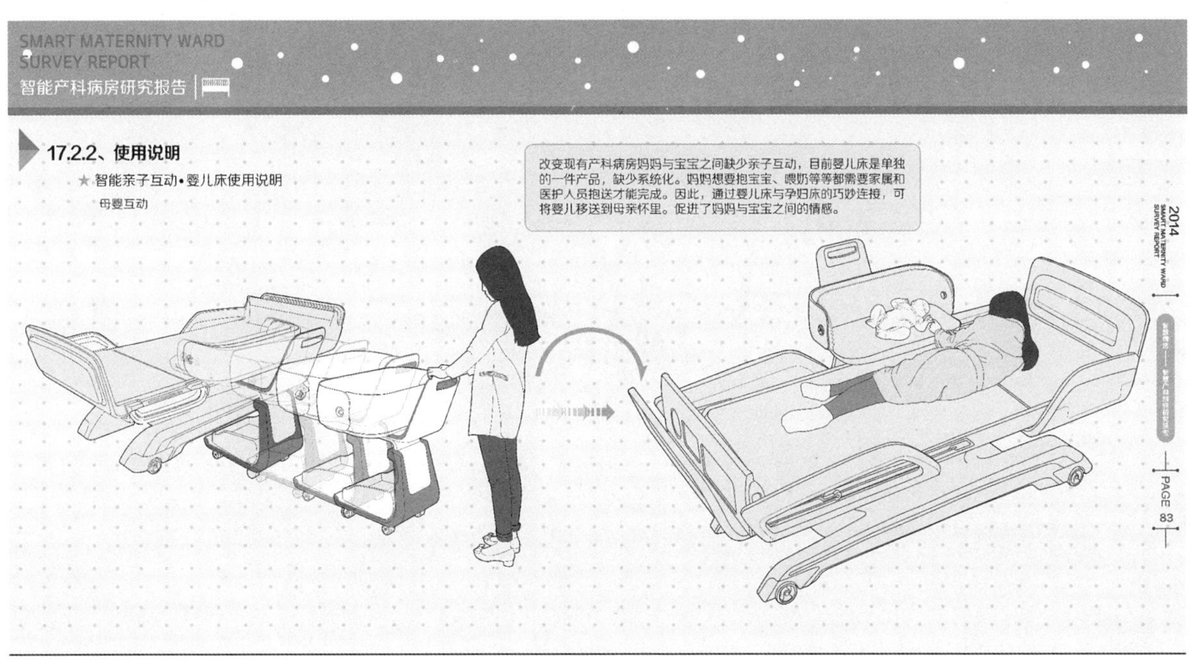

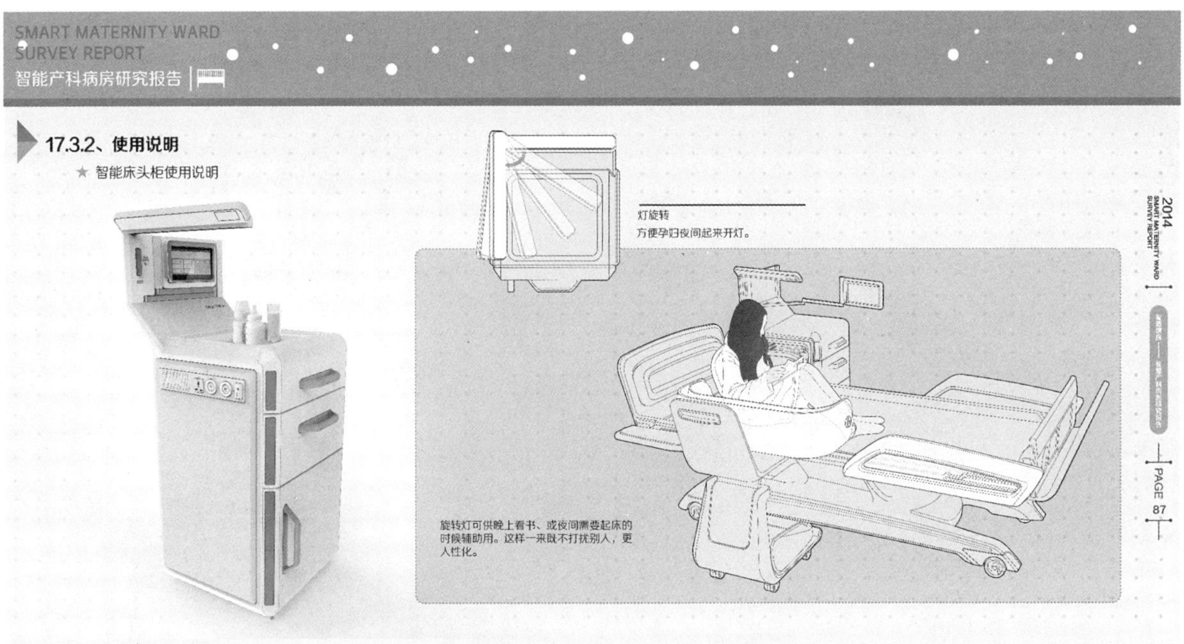

图 5.93　利用矢量软件勾划人物线稿与产品线稿结合智能产科病房设计（作者：俞凯　王飞飞　王雪　指导老师：何晓佑　王倩）

BABY!
MOMI!
视频通话示意图
〉〉Functions Of Product
孩子和父母通话时，孩子可以用玩具拨通父母的手机，父母可以通过手机和孩子视频通话。通话时，父母的图像会显示在娃娃身上，孩子和父母通话时，可以抱着玩具娃娃和父母说话并可以通过传感器感受父母的温度，通过像这样图像，声音，温度，拥抱姿势的通话，可以让孩子更真实的感受到父母的温暖。
36

〉〉Technology
体温传感器
孩子和父母通话时可以感受到父母的体温。
35

图 5.94　利用手绘漫画与产品结合儿童玩具设计（作者：王倩）

技法 10 海报设计的心得

习得任何一领域的设计，都要经过“阅读 - 模仿 - 勤练 - 自成一体”的过程。这个规律放在任何一种文化领域的技能中也是普遍适用的。如果不是阅读好的设计，自然不知道有许多途径和方法可以成就好看的作品。如果不是对前人的模仿，光凭自己的想象，也很难做到被大众认可的作品。如果没有勤加练习，就不会积累丰富的经验应对更难一个层次的设计问题的挑战，在实践中规避一些金钱与时间上的成本风险。

设计这个行业非常强调作品的原创性，设计师也以抄袭、模仿为耻，同时，创作自己的作品也是一件令人愉快的事情，原创的作品被大众认可的意义往往超过设计工作本身。初学者往往急于达到自成一体的境界，那么，如何达到“自成一体”？需要做哪些事呢？

当然，模仿对象的品味高低也能折射出作者的品位。

真正内化入自身的高品位、高品味的获得，这其中既有长期的浸润和涵养，也有突破性训练。例如，编者在观察过日本工科院校产品设计专业学生的制作海报水平，几乎没有特别差的学生，其理由，多半是因为在日本无论是街上的招牌还是产品的海报，或是产品的包装，与国内相比处在较高一级审美水平的设计层次上。日本学生在生活中已得到高水平设计的浸润，即使是初学者也可以轻松地做出简洁的海报，他们甚至不知道如何将海报做成灾难的方法。然而，国内的学生并不处于那样的环境，我们该做哪些事情帮助版面设计能力提高呢？

1. 加强文艺创作理论研习。

一个被人们自觉不自觉地运用到艺术设计中的重要法则，就是“陌生化”。“陌生化”又称“反常化”或“奇异化”，它由什克洛夫斯基首先提出，是俄国形式主义的核心概念，本身用于文学领域。陌生化理论认为，文学的功能就是使人们已经习惯化、自动化了的感知力恢复到新奇状态。怎样才能做到这一点呢？那就是：使对象陌生，使形式变得困难，增加感觉的难度和时间的长度。比如：“春天来了，江南岸边的草又绿了”——这是日常的表达方式，表达的对象是“春天来了，青草绿”。但“春风又绿江南岸”。——这里表达的对象依然是“春天来了，青草绿了”，但是这里却成为了“文学”，由此可见，文学与非文学的区别不在于表达的内容，而在于表达的方式。但也要注意不可乱用和滥用，否则使人如坠五里雾中，矫揉造作，适得其反。

2. 建立个人的资料库。

在互联网技术普及的今天，许多学生认为资料在网络上都可以搜索到，就疏于保留设计资料。然而，在项目或课题开始时，因为没有自己的资料库，就等于没有了先行研究和参考文献的基础，超越他人而又有原创思想的设计活动很难立即开展起来。建立个人资料库时，需要注意以下几点：

（1）在网络信息普及的今天，书本上的内容远远没有网络上的信息及时，作为设计师需要每天关注设计领域的最新消息，始终让自己的眼光放在最前沿。而书本里的知识却比网络推送更加系统、准确、深入，因为书本的作者都是由所在领域的专家编写，都是一些通过常年累月实践的原创理论，可以让我们更加心平气和的，深入地钻研学问。

（2）将自己觉得好的设计分门别类的存储在电脑里，遇到需要参考的时候，可以立即快速查找到，并且方便平时翻看、临摹。没有资料库的学生，在回忆某一个设计作品时总是觉得哪里见过又想不起来叫什么。诚然，大多数人都没有超强的记忆能力，如果可以保持谦虚的态度，时刻学习，以平和的心态面对初学者的自己，以水滴石穿的精神坚持不懈的前进，这样的好习惯将会惠及我们一生。

（3）拓土开疆，不惜血本。有人说：某某资料太贵了。做为学生，尽可能在有限的条件中占有一些高端的资料，对设计眼界的开拓起着决定性的作用。例如，有的外文杂志价格高又不方便购买，那么为什么不去城市里最大的图书馆拍照呢？坚持一段时间，会发现自己的眼界与其他同学相比会有一些提高。

3. 培养通感和灵性。平时多试图感知作品情绪，坚持场景化思考，充分训练感官细胞，异态感知等等。例如奔跑时写字，倒立欣赏音乐等等，会为你打开很多感知维度。

4. 善用各类好软件。工欲善其事，必先利其器，有很多同学因为没有及时掌握好软件技能，将一些好的想法搁置下来，长年累月，自己的想法没有及时地表达和完善，专业水平逐渐落后与软件技能强的同学，因此，设计能力往往与软件能力此生彼长。

如果想拥有真正高品味，就决不能浮躁，必须脚踏实地下功夫。

第二节　设计前期的表达

设计前期通常要对设计的背景、意义、人群等相关要素进行研究考察，需要通过报告册、PPT 等方式呈现，在制作过程中，又需要考虑设计前期研究的整体逻辑关系，要让观者在很短时间内了解设计的必要性和优势。如何使用文字、图片、表格、图标等元素将设计前期的内容一目了然地呈现出来，需要同学们熟练运用几种技法。

技法 1　制造视觉的充实感

在制作设计前期报告时，通常呈现的前期调查、分析的内容。成功的设计前期在于精准洞察消费者的需求，需要设计师围绕消费者自身、社会经济环境、技术背景、竞争对手等做大量调查，并根据调查结果构思解决方案。在做内容呈现时，有必要让观者感受到设计方案是做了大量的前期调查工作分析得出的，是具有市场价值及其可行的方案。因此在排版上需要采取图文并茂的方式，将大量的调查分析信息呈现出来，可采用图片或文字框形状重复等方式让内容具有条理性（参考前一节内容技法 3 建立条理）。并利用大号文字、图片等元素充满版面，营造内容丰富的气氛，如图 5.95。

实践作业：利用图形、文字组合方式重复的技法，将从前自己制作的报告册内页重新排版，使内页具有充实的感觉。

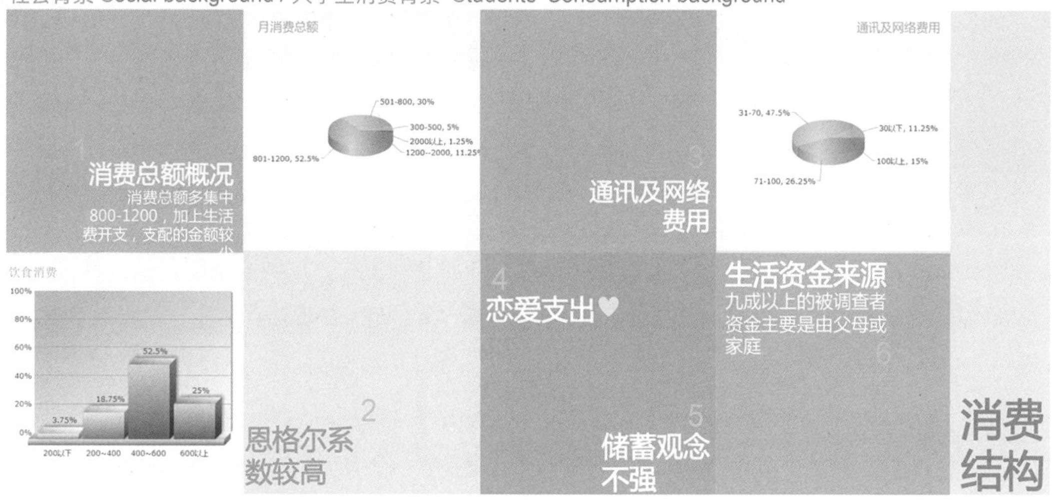

图 5.95 设计市场考察作业（作者：刘强 钱丹 陆强 马晓东 吕舒婷 指导老师：王倩）

技法 2　信息图形化

在进行文字说明时，大段的文字罗列出来会让观者觉得枯燥冗长。这时不仅需要提取文字要点进行放大引导观者视线，还需要借助图形底框将文字突显出来，或将文字内容用图像、图标的形式表现出来，让观者有主及次、图文并茂地阅读设计前期报告。其中，一些涉及到流程、逻辑关系的复杂事物可以用图标、线条、文字组合的说明图标示，显得易读又专业。

如图 5.96 是南京艺术学院的学生完成的智慧产科病房的产学研项目的设计报告册的部分内页。项目通过设备硬件、软件、空间的更新与优化，营造设计出可以让孕妇顺利度过产后，提高医疗工作效率的智能产科病房。观测阶段学生们走访了数家医院与产妇、家属、医护人员，进行深入访谈，对病房进行实地考察，对产妇进行跟踪观察，并使用时间轴、照片、地图等方式记录观察信息和分析问题。总结问题一百多个，其中产科病房中母婴分床需要产妇频繁起身照顾，产妇平躺时休息拿取物品不便，产妇术后如厕下蹲不便，产妇隐私，医嘱和育儿方法等问题，通过二次访谈受到关注，生成最终解决方案 6 个。在长达一百多页的报告册中，由于信息量庞大，学生不仅采用图文并茂的方式演示，还将文字段落中的重要内容强调出来，一些文字内容做成图标表现出来，达到让人一目了然地目的。同时，报告的的底纹、题头、页尾处都做了精心的标志设计，让观者感受到设计师专注、严谨的做事态度。

实践作业：选取从前自己制作的设计前期报告中的一页，做信息图像化处理。

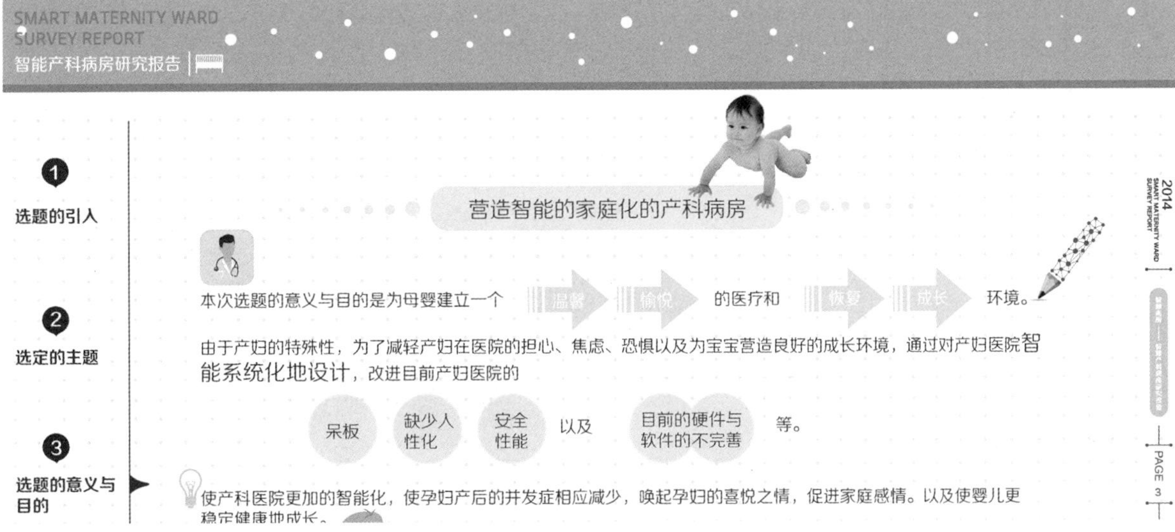

图 5.96（1）　智能产科病房设计研究报告（设计者：俞凯　王飞飞　王雪　指导老师：何晓佑　王倩）

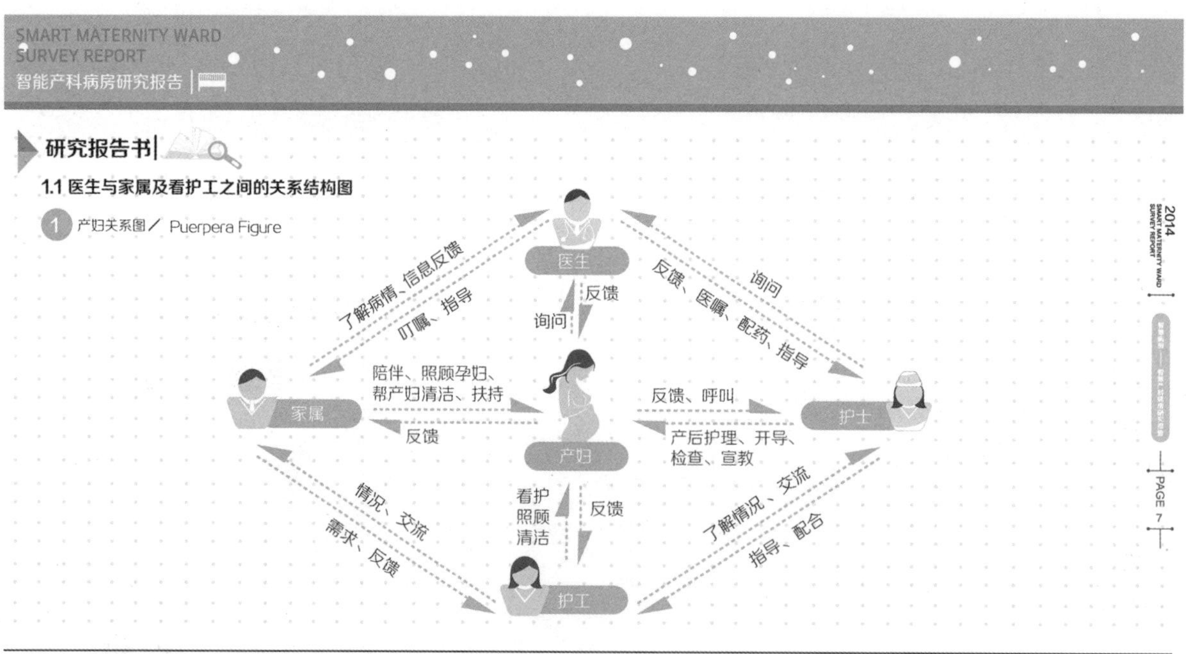

图 5.96（2） 智能产科病房设计研究报告（设计者：俞凯 王飞飞 王雪 指导老师：何晓佑 王倩）

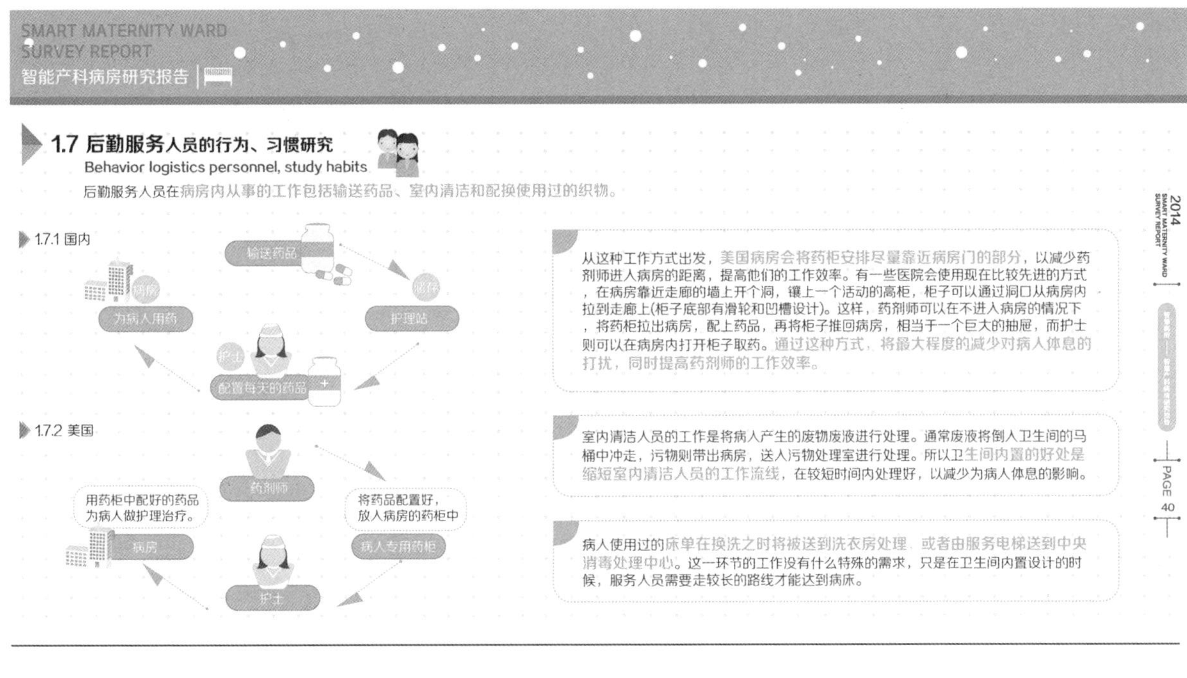

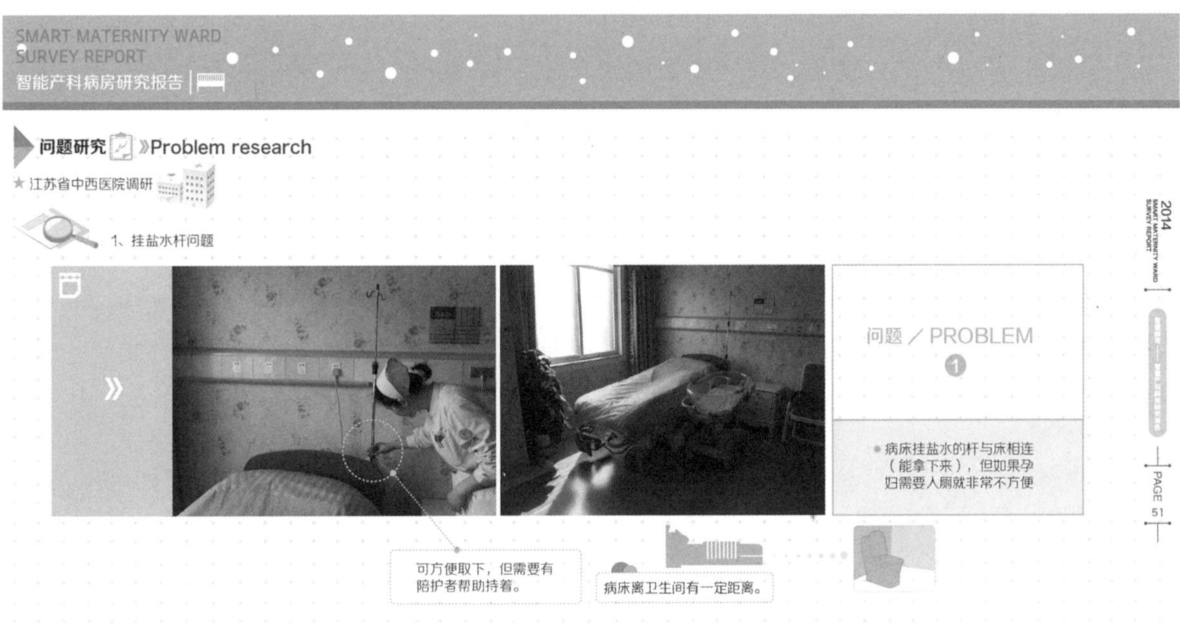

图 5.96（2）　智能产科病房设计研究报告（设计者：俞凯　王飞飞　王雪　指导老师：何晓佑　王倩）

图 5.96(3) 智能产科病房设计研究报告(设计者：俞凯 王飞飞 王雪 指导老师：何晓佑 王倩)

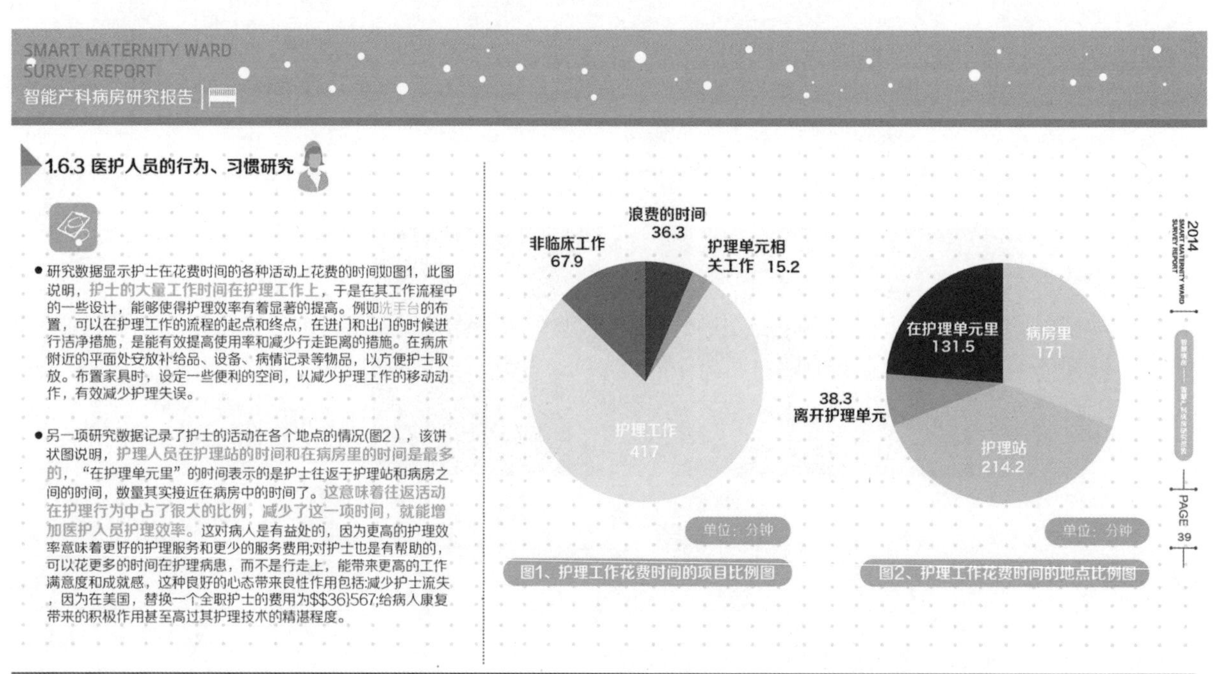

图 5.96(4) 智能产科病房设计研究报告(设计者：俞凯 王飞飞 王雪 指导老师：何晓佑 王倩)

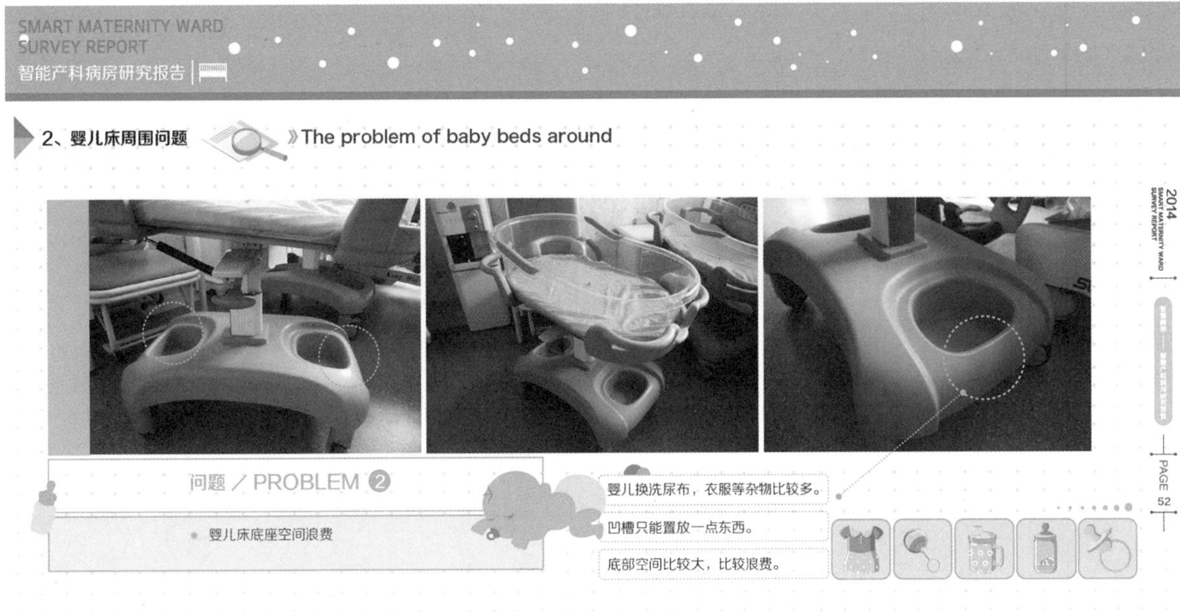

图 5.96（5） 智能产科病房设计研究报告（设计者：俞凯 王飞飞 王雪 指导老师：何晓佑 王倩）

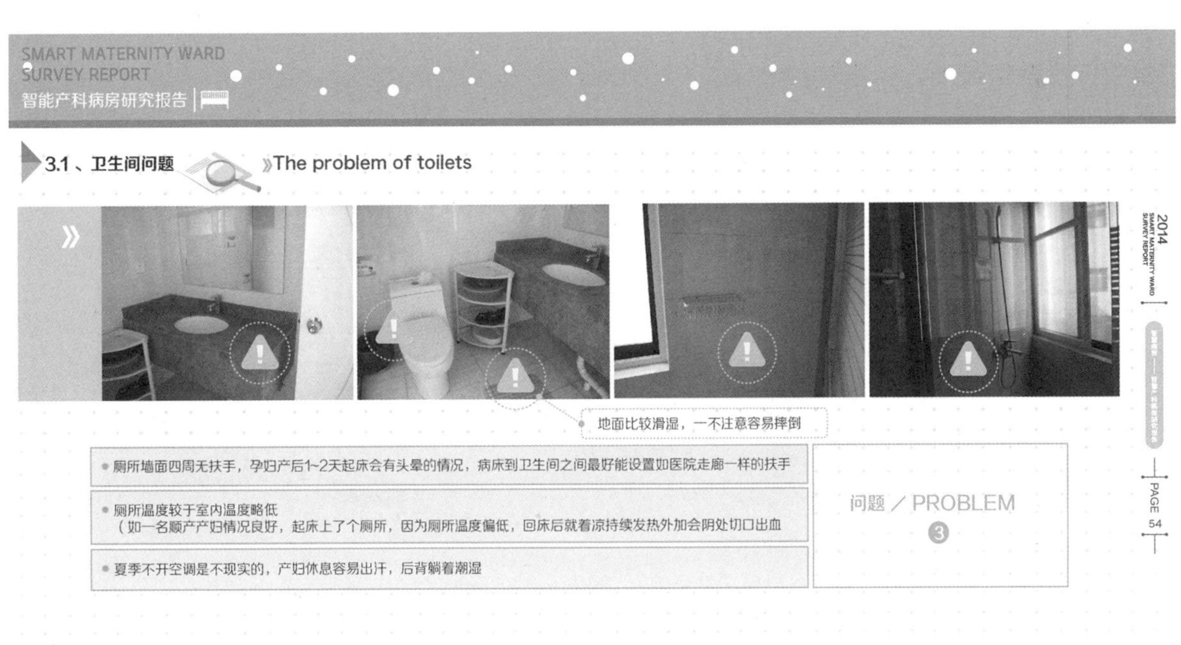

图 5.96（6） 智能产科病房设计研究报告（设计者：俞凯 王飞飞 王雪 指导老师：何晓佑 王倩）

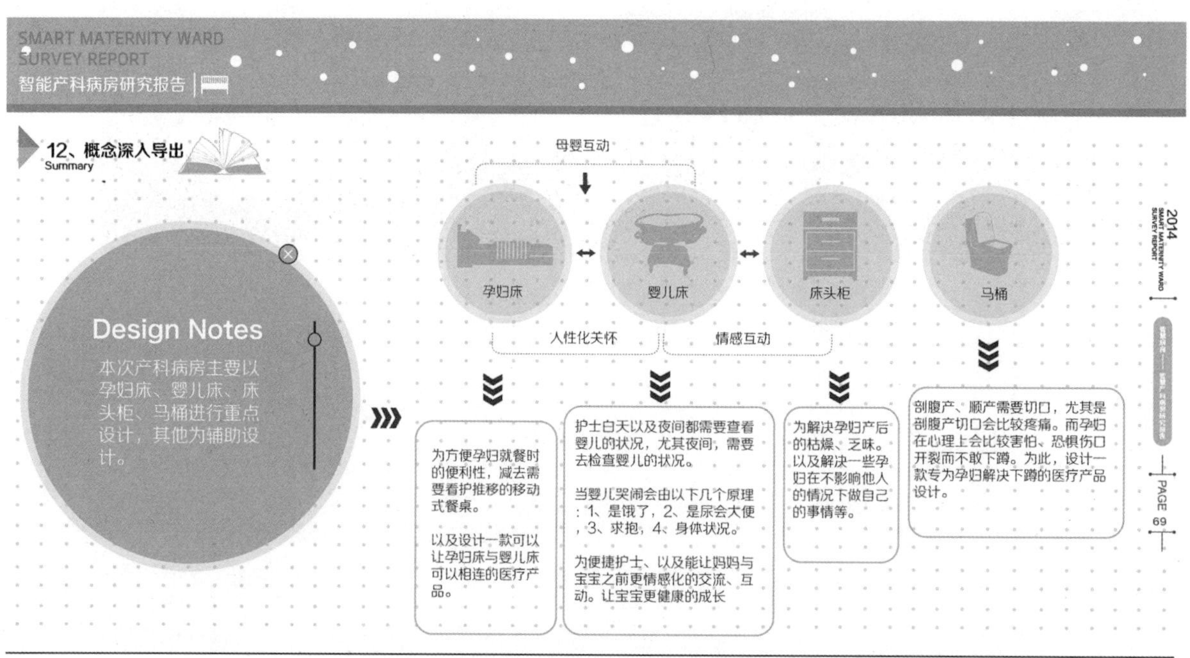

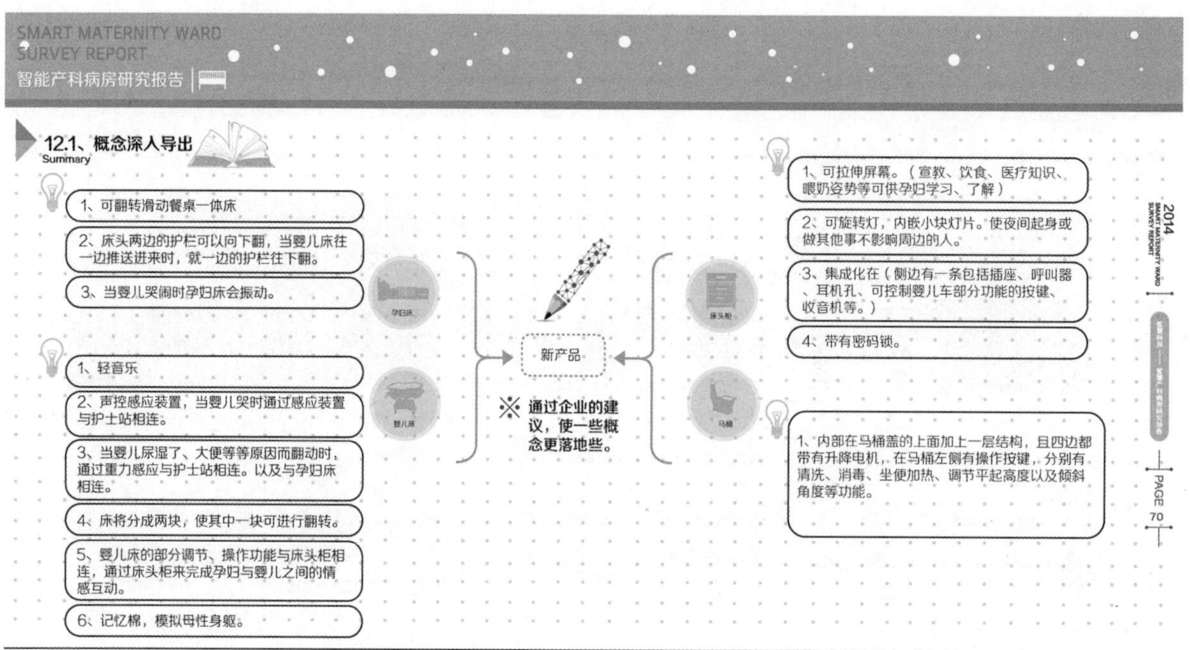

图 5.96（7） 智能产科病房设计研究报告（设计者：俞凯 王飞飞 王雪 指导老师：何晓佑 王倩）

智能手机的现状

■1.2 全球智能手机市场发展状况分析

目前，全球 3G 市场已进入快速增长期，智能手机的需求增长势头强劲。而智能手机产品组合更加丰富、价格大众化是推动全球手机市场增长的重要原因。预计到 2015 年底，全球手机销量的增长将完全依附于智能手机销量的助推力量。

数据显示，2011 年全球智能手机出货量突破4.5 亿大关。

79. 8% 智能手机出货总量为 9960 万部，同比去年的 5540 万部增长了 79. 8%。

80% 相对于手机市场的出货量整体增幅，智能手机同比增长率近 80%表明市场已开始出现井喷。

数据分析认为，2010 年全球手机数量的疯狂增长在很大程度上得益于智能手机数量的增长，而 2011 年是这种增长速度的延续。由于成熟市场的高端智能手机成长率逐渐趋缓，因此智能手机市场成长重心将从已开发国家转向新兴市场，并从高端智能手机移至中低端智能手机。

26% 2011 年全球智能手机渗透率

51% 美国

34% 欧洲

30.6% 中国大陆

60% 功能型手机用户更换成智能手机。

因此，价格的下降、功能的增强，以及运营商推出更便宜的数据服务套餐，将能有效驱动从功能迈向智能的手机换机潮。
2011 年，亚太（不包括日本）、中东、非洲和拉丁美洲地区，智能手机销售量增长速度之快共同推动了全球手机市场销量增幅的历史新高。智能手机在全球手机市场中的销售比例将持续增长，这对于全球尤其是新兴市场上的手机厂商和服务供应商来说意味着巨大的机遇。

2

智能手机定义

发展历程

智能手机的现状

SWOT 分析

19

下一代智能手机 ■

智能手机的现状

2006-2013 中国智能手机销售与发展趋势

随着智能手机在全球市场地位的逐步提升，中国作为一个巨大的市场，智能手机的需求也将日益增加；艾媒咨询(iimedia research)预测，在未来2年中国智能手机的销售量将持续高速增长、2012、2013年的销售量分别将能达到7800、9250万部，2012年的年增长率将高达50%。

数据分析认为，六大因素影响中国智能手机市场的需求。分别是手机品牌、操作系统、价格、3G 标准、手机应用程序的市场接受度和分销渠道。国产智能手机在价格、技术成本及渠道合作等方面具备优势。随着国产手机芯片技术的进步以及 Android 免费开放系统的出现，国产智能手机将继续凭借性价比的优势在低端市场保持蓬勃发展。

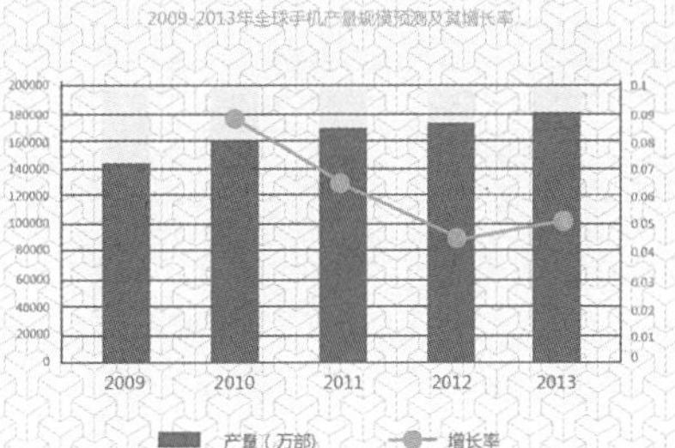

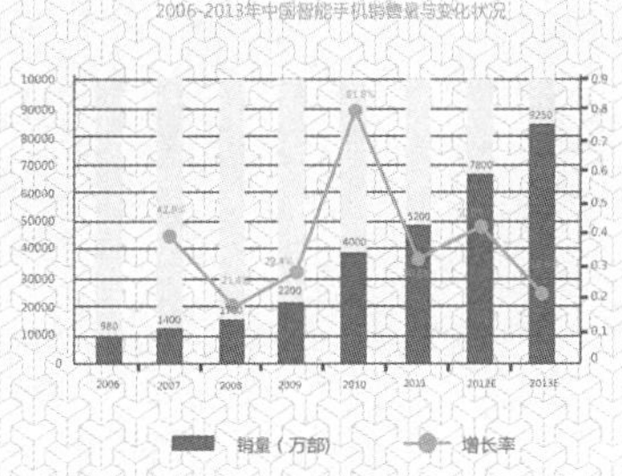

2

智能手机定义

发展历程

智能手机的现状

SWOT 分析

20

下一代智能手机 ■

图 5.97（1） 设计市场考察作业（设计者：俞凯 王祥 周旋 谢志杭 闫琦 指导老师：王倩）

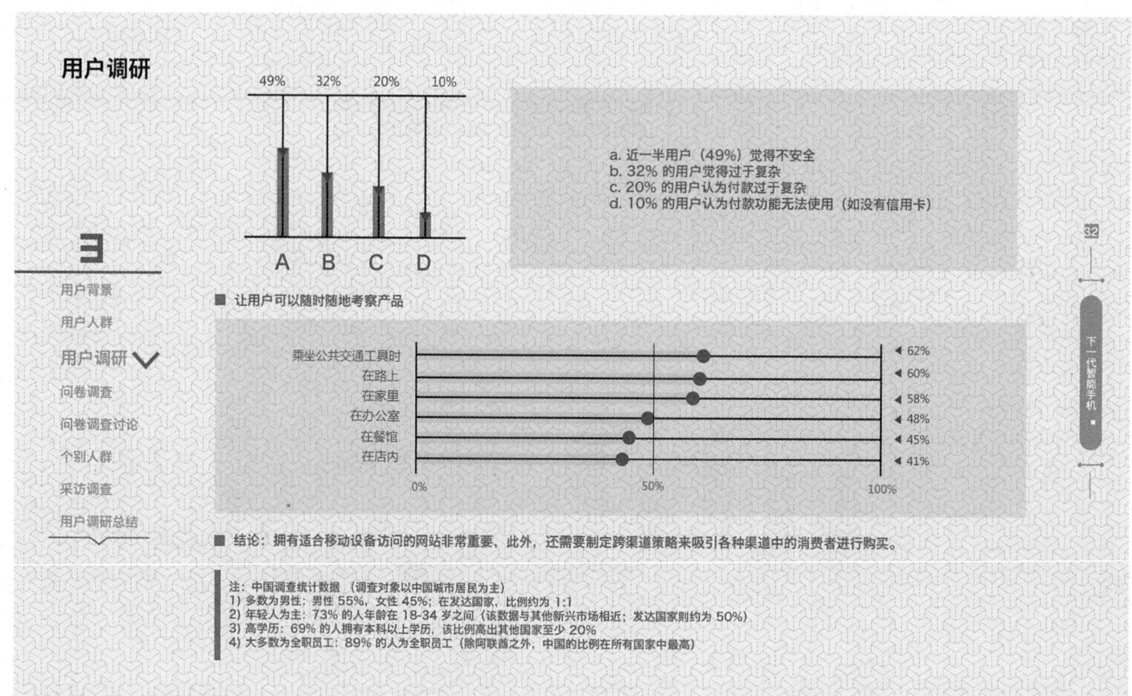

图 5.97（2） 设计市场考察作业（设计者：俞凯 王祥 周旋 谢志杭 闫琦 指导老师：王倩）

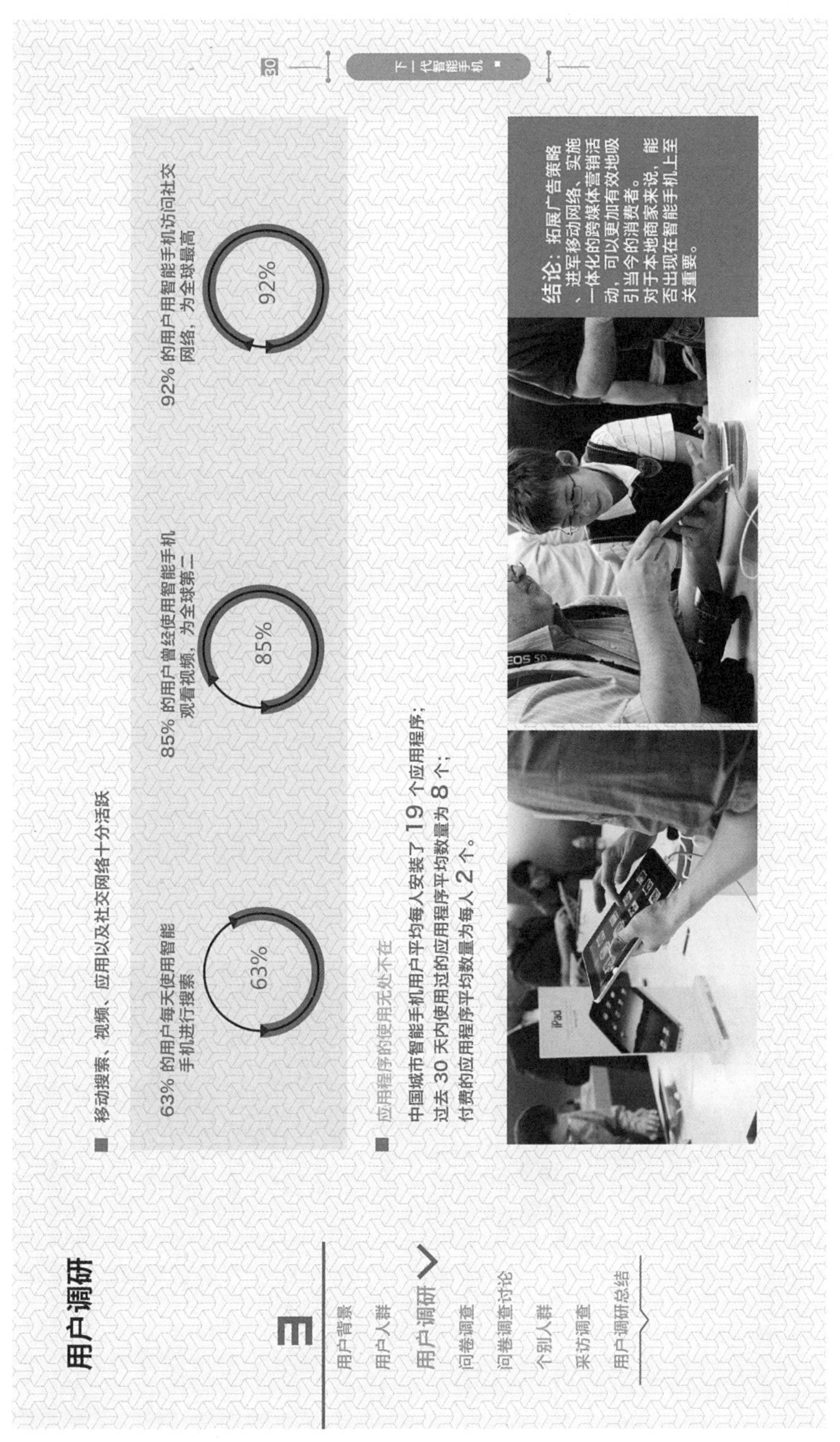

图 5.97（3）　设计市场考察作业（设计者：俞凯　王祥　周旋　谢志杭　闫琦　指导老师：王倩）

技法3 不罗列，多总结

在刚开始制作设计前期报告时，许多同学善于将所有信息罗列在版面中，而忽视设计前期不只是调研、收集数据的过程还是研究过程，还忽视了设计前期与后期之间的关系。一味的收集罗列数据，缺少总结，会让设计缺乏思维深度。而收集数据是任何人都可以完成的，一味地罗列降低了设计师的重要性。设计师需要根据自己的分析才能生出原创的方案，因此需要在呈现调查数据的页面上及时总结。后期设计方案是基于前期研究结果的，因此在前期报告需要加入总结性的语言为后期起到承上启下的作用。如图5.98是南京艺术学院的学生在设计市场考察课程中做LED灯具市场调查报告。报告中，针对LED灯具的使用人群的行为习惯进行了问卷调查，学生把问卷数据进行分析并图形化，将代表性的结论数据强调出来，并在每一页面下方对调查结果进行总结。

思考作业：反思自己从前制作的设计前期报告中是否缺乏总结性的陈述，在数据分析方面，研究是否深入充分。

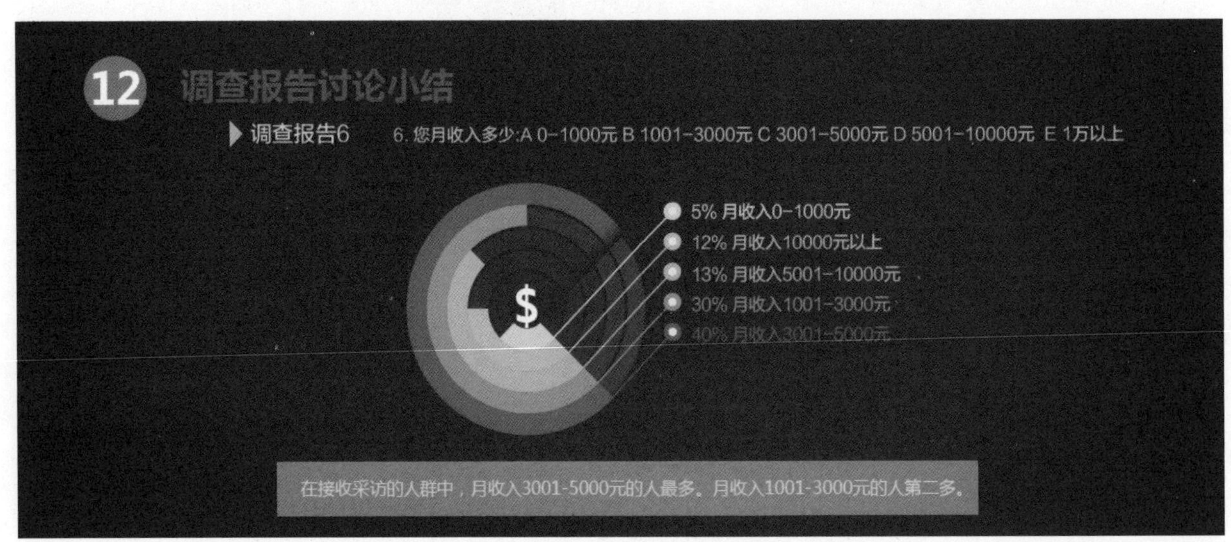

图5.98（1） 设计市场考察作业（设计者：杨子扬 田炎梅 谢振雄 饶玉 指导老师：王倩）

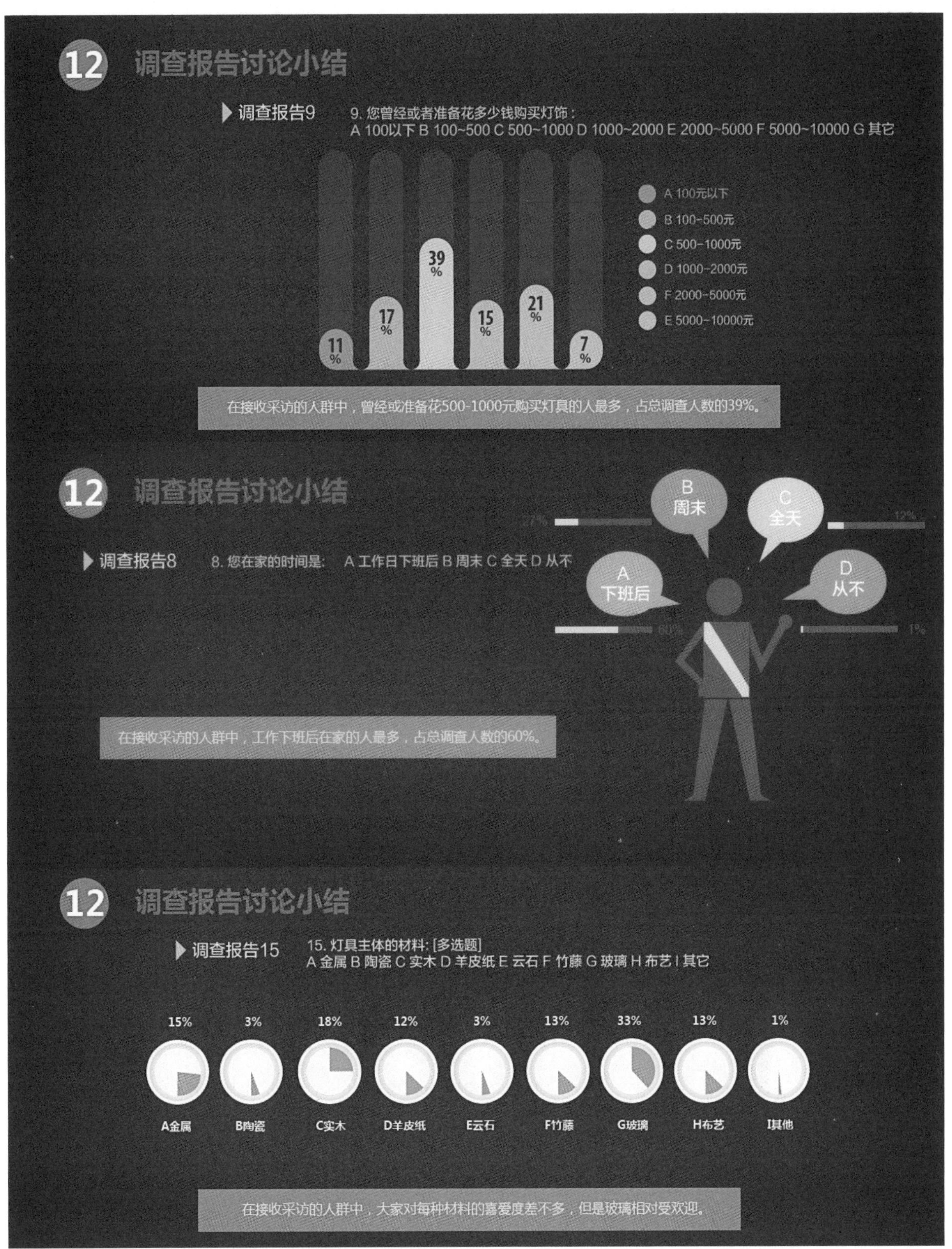

图 5.98（2） 设计市场考察作业（设计者：杨子扬 田炎梅 谢振雄 饶玉 指导老师：王倩）

第三节　设计文案的表现能力

技法 1　了解消费者

在产品设计表达涉及的文字，大致有标题和文字说明两类组成。在书写文案时，源于设计师对产品构思、阅历的积淀，文化的思考，并针对消费者和市场稍作创新。在产品表达中，文案不是主要表现渠道，不需要华而无实的词藻，不需要惊为天人的立意，文案的作用还是以衬托、说明、点缀为主。要求设计师在书写文案时，在说明产品的基础上略有创新，同时针对市场与消费者，写出能被接受、被理解的文字信息。

在文案创作时，一忌辞藻堆砌，二忌文笔不畅。文章是思维的外在体现，低劣的文案会暴露设计师实力的缺失。在撰写文案中，需要设计师对产品领域消费者的主流价值观有细致的调查研究，例如吸尘器的海报标题文字“双层气旋捕获更多微尘”，设计师如果不清楚吸尘器的构造和吸尘技术是不可能写出“双层气旋”内容的。再例如 Moto 铱星 9500 卫星手机 4 的广告文案：

“已经 5 个月，整个南纬 75.6 度，
只有我一人，驻守漫长极夜，
寂静比孤独可怕，声音看不见，
但无处不在，每个熬点都有问候来自
我的 9500 卫星手机”

技法 2　直击刚需标题

对于消费者来说，阅读文案可以帮助了解产品的价值，是否有用？是否值得花钱购买？能为我的生活带来多大改善？对于设计师来说，创作文案是为了让消费者得出“这是一件非常值得我购买的产品！”“好的就是它买定了！”这样的结论，因此文案必须一针见血地道破产品对于消费者的价值，必须在深入了解消费者在产品领域中有怎样的切实经历后，才能找出消费者的需求点，也就是消费者在产品领域中的刚需。比如购买吸尘器的消费者有：1 清洁力、2 噪音、3 美观、4 收纳，这些方面的需求，但哪一个是消费者最

主要的需求，一定是“清洁力”。因此在撰写文案是，即便产品有噪音、美观、收纳等方面的需求，也一定要优先解释“清洁力”的优势，其他优势按照顾客需求的主次依次呈现。如下图是 Dyson 无叶暖风扇的海报，上面包含了主标题、副标题、各文字块标题的文字信息，也是按照消费者的需求主次，也就是消费者对于这款产品最关心、次要关心的、最后关心的顺序排列的。消费者在初次见到无叶暖风扇时，首先关注的是作为暖风扇的制暖效果如何，其次关心的是是否安全，这些是作为暖风机消费的刚需，因此海报最前的标题是“迅速均匀制暖”“安全设计”，其次是“适合全年使用”与其他竞争产品的优势，如图 5.990。

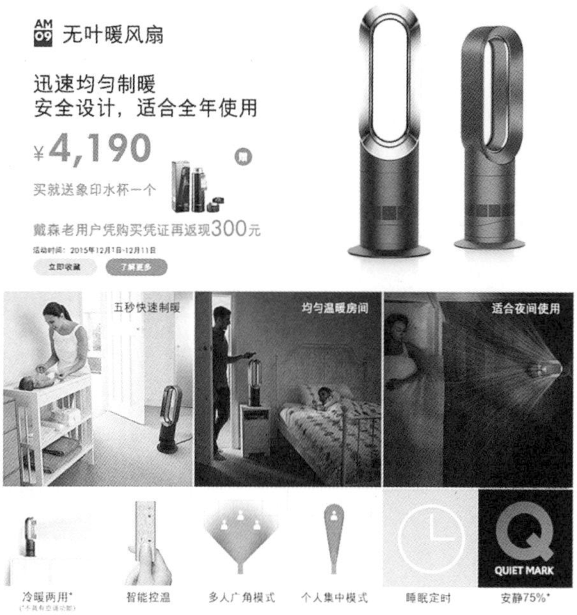

图 5.990　Dyson 无叶暖风扇的海报（来源：中国 Dyson 官网）

实践练习：按照消费者需求的主次，为自己设计的产品海报撰写直击刚需的标题。

技法 3　区别于竞争者

在企业设计项目中，文案人员通常是配合策划人员的工作同时进行的，策划工作立足于现实，通过对市场的预测，整合各种资源，制定可实施的最优方案。文案是以文字的形式为策划内容作呈现，因此在撰写文案时，需要整合市场信息，做商业策略的判断。当产品在消费者刚需方面没有明显的优势时，还有一种常用文案技法即区别与竞争者介绍差异优势，这通常也是一种营销策略。这种技法也是满足了消费者个性化消费的心理，如图 5.991。

图 5.991　区别于竞争者的文案（来源：京东网）

实践练习：运用区别与竞争者的方法，为自己设计的产品撰写文案。

第六章

设计综合表达技术板块能力训练

图 6.0 模型工作室环境（来源：日本金沢工艺美术大学官网）

在构思好设计方案后，如何将脑中构思的方案准确地表现给客户？通常，我们会用到设计综合表达技术板块的能力，产品手绘产品效果图、手工模型、3D建模等方式来表现。这其中的任何一种方法都不是一蹴而就的，都需要花功夫钻研和练习。然而，研习这些能力带给产品设计初学者的收益却是不可忽略的。首先，技术板块能力的提高避免了学习中“眼高手低”的现象，随着学习的进步，它会成为专业能力进步的垫脚石，帮助同学们准确地表达设计方案。技术板块能力的提高会避免由于表现能力缺乏而放弃某个精彩的设计构思的现象，在教学工作中，笔者看到过很多学生因为建模能力的原因，放弃了复杂曲面的造型设计，可想而知，这样的学生并没有得到充分的实践和锻炼，反而因为建模能力的不足而弱化了自己的方案，耽误了许多次学习实践的机会，落在了其他“眼高手也高”的学生后面。

第一节　手工模型动手能力

手工模型可以通过简单的材料拼接组合帮助设计师验证尺寸、造型、配色、使用体验，是设计流程中不可缺少的一部分，它要求设计师具备一系列的模型制作常识和模型制作技能。模型制作的过程不仅渗透着设计师对产品的构思，也是设计师创造的体现。动手制作模型可以帮助设计师脱离二维度的设计图纸，可以更直观、更真实的还原设计构思，帮助设计师在三维度的空间里验证想法。工业设计专业中常用到的模型制作技法，按照材料分类大致有：泥模型、石膏模型、硅胶模型、泡沫模型、工程塑料模型、纸模型、金属模型几类。在模型制作初期，我们会制作一些草模帮助我们验证功能和尺寸，这个阶段多半会使用纸模型、泡沫模型等容易操作的方式，最终模型阶段设计师多数会采用工程塑料模型。

技法 1　通过材质彰显细节

工程塑料模型的寸法精度高可以模拟最精细的细节部分，可以配合使用各种质感的喷漆，与真实产品的还原度最高，是设计师最常用到的模型制作方法。配合数控机床设备，先洗出大致的形态，再打磨细节，大大提高工作效率。然而，在学生阶段，纸模型、硅胶模型、泡沫模型等方式由于简便、快速、取材方便、经济等优势，在学习阶段仍然发挥着不可替代的作用。但材料方式有寸法精度低等问题，如何在用工程塑料模型以外的方式制作出满意的模型，需要同学们在质感上下功夫，尽量在质感上最大程度还原设计的初衷，同时找到质感最优的材质。

材料质感对最终设计效果的影响不容小觑，举个例子，无印良品的小家电设计简约，没有复杂的装饰，为何给消费者“有品质”的感觉？除了善于对细节把控，出色的外形设计之外，多半归功于设计师对材质的用心斟酌，以及这个品牌对于产品用料品质上的坚持。虽然使用与普通小家电同样的磨砂塑料材质，但是无印良品在材料的厚度、颜色纯度、透明度、表面质感上都有严格的把控，让我们无论是触觉还是视觉上，都能够感受现代工业产品上难得一见的温暖感受。

图 6.11　无印良品厨房用小家电（来源：日本无印良品官网）

例如，学生在制作半透明吊灯时，应尽量找到质感厚实透光均匀的半透明材质，制作木质产品时尽量找到色彩最相近的原木代替木纹纸，通过还原度高的材质诠释产品的风格意境。由于手工模型无法达到磨具生产产品的平滑度与精细度，对材质的严选可以在一定程度上弥补外形细节的缺憾，如图 6.12。

B&O 是高端家用印象的代表品牌，在选材时也十分注意质感的把握，比如用在家用立式音响中采用羊毛混纺的面料，这与服饰的面料同理，高档西装中也会加入一定比例的羊毛成分，让服饰显得挺拔有质感。同时，在视觉上没有夸张的高光与反光，可以衬托淑女绅士儒雅的气质。这样的音响放在家里，也会和沙发、地毯、抱枕、窗帘的面料相呼应，容易融入家居环境之中，如图 6.13。

学生在日常生活中需要多留意有质感的材料，比如硬木与软木材质的差异、亚克力与普通透明塑料的差异、PU 皮与真皮的差异、棉布质地与化纤布质地的差异等等，以及使用这些质感的产品。模型在使用有质感的材料后，会呈现出更好的效果。

思考题：回想从前制作的模型，如何通过材质的优化得到更好的效果？

图 6.12　南京艺术学院 2014 年设计工作坊作业（设计者：田炎梅　指导老师：陈嘉嘉　王倩）

图 6.13　B&O A9 音响（来源：B&O 官网）

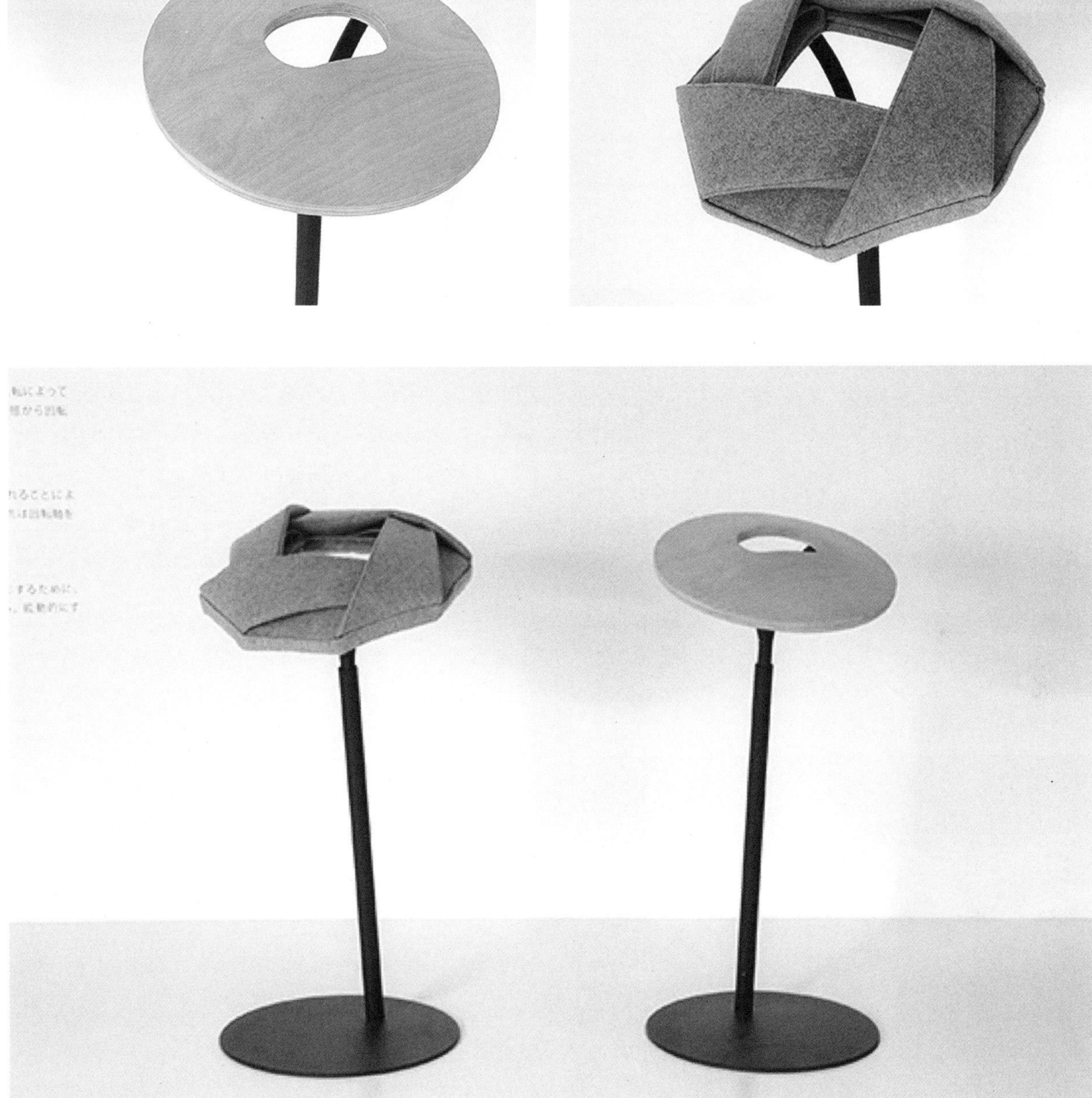

图 6.14　日本武藏野美术大学学生产品模型作业（来源：日本武藏野美术大学官网）

第二节　数字模型、效果图表现能力

技法 1　渲染器中的技巧

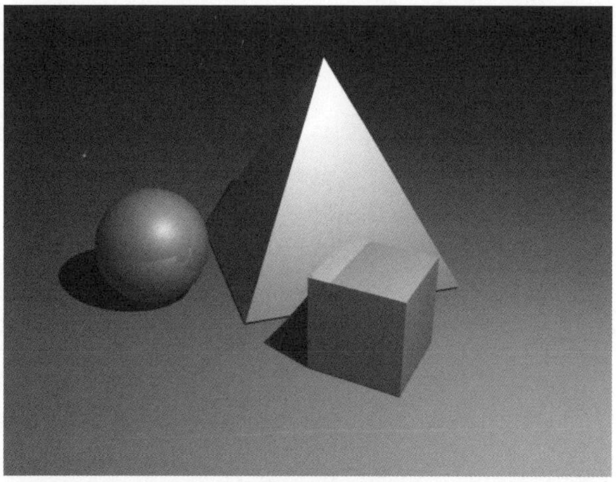

图 6.211　放置主光

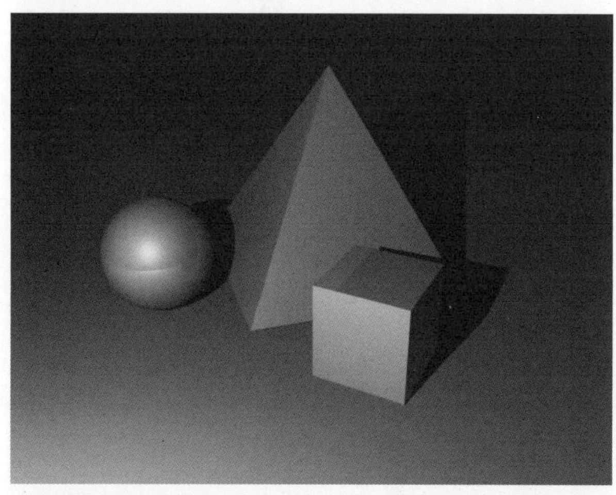

图 6.212　添加辅光

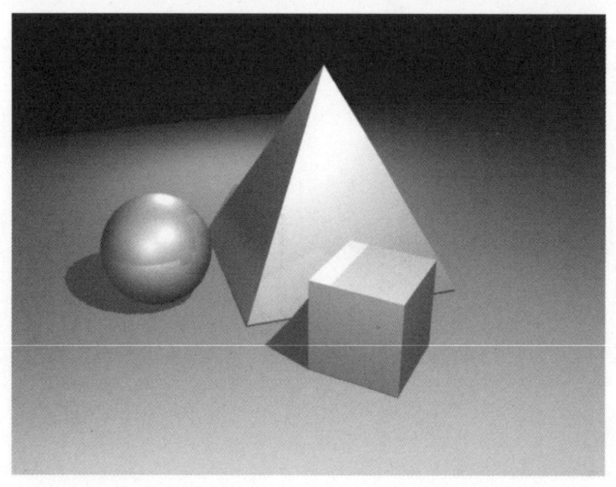

图 6.213　在拍摄对象后面放灯

任何渲染器的原理都是尽可能模拟真实的光照效果，产品渲染通常都是在室内光线中进行的，在渲染器中，可以通过模拟摄影棚中的灯光配置将产品的质感、色彩更艺术地表现出来。如何在渲染器中模拟摄影棚中的光照？首先来了解以下光的属性。

光的基本特性：1. 光强强度与到光源距离的关系是按照平方反比定律的。平方反比的意识就是如果 B 点距离光源的距离为 A 点的两倍远，那么 B 点接受的光的强度就是 A 点的 4 分之一。2. 方向根据光源与物体的部位关系，光源位置可分为四种基本类型：（1）正面光。业余摄影者所说的“摄影者背对太阳”拍摄便是这种光照类型，正面光可以产生一个没有影子的影象，所得到的结果是一张缺乏影调层次的影象。由于深度和外形是靠光和影的相同排列来表现，因此正面光往往产生平板的二维感觉，通常也称他为平光。（2）45 度侧面光。这种光产生很好的光影间排列，不存在谁压倒谁的问题，形态中有丰富的影调，突出深度，产生一种立体效果。（3）90 度侧面光。是戏剧性的照明，突出明暗的强烈对比，影子修长而具有表现力，边面结构十分明显，这种照明有时被称做“质感照明”。（4）逆光。当光线从被摄对象身后射来，正对着相机时，就会产生逆光，采用逆光，在明亮的背景前会呈现被摄对象暗色的剪影，这种高反差影象即简单又有表现力。

如何布置摄影室灯光？第一步，放置主光。这是关键光，把他放在哪里？这主要取决于寻求什么效果，但通常是把灯放在一边与被摄对象成 45 度角，通常比相机要高，如图 6.211。

第二步，添加辅光。主光投射出深暗的影子，辅光——给影子添加一些光线，因而使影子西部也得以表现，不能让他等于或超过主光，不造成两个互不相容的影子——高光影象，因此辅光的强度必须较小，如图 6.212。

第三步，辅光必须比主光要弱，使主光所产生的影子不会被辅光抵消（我们可以用减低灯光的强度来实现）。做到最后一步，还能加一个灯，在拍摄对象后边放置一盏灯，目的就是把对象从背景中分离出来。将前面讲到的合并起来，如图 6.213。

许多渲染软件都有灯光工具，但其实通过全局照明可以获得更好的效果。首先关掉默认灯光，开启抗锯齿，开启全局照明，发光贴图和准蒙特卡洛（参数都打低一点）。如果是要渲染室外环境的话，最好先不加 HDR 贴图，就用默认的 Vraysky 贴图，配合太阳光（或平行光）照射，加上面积光加以补光，室外的渲染对贴图的质量要求很高。如果是室内的话，一般也是用阳光配合面积光进行照射。

使用灯光时以目标聚光灯和面光源用得比较多，反光板和过度背景是不可或缺的元素，就如同摄影棚里面的柔光灯与反光伞和幕布一样，另外产品的渲染还离不开逼真的材质和 HDR 贴图，建议用 Blankman 过滤器，这样会适当减少高光点的锐化黑边。

在渲染的时候需要注意什么？在渲染之前必须明确什么是优秀的产品效果图，以及客户想看到什么样的效果图。归纳起来有三个原则：

1. 层次清晰。这就要求我们有较好的素描感觉，这就主要靠打灯了，造型的起伏要明确，体积感要靠打灯表现得强烈。对于细节，比如一个并不起眼的小按钮，也不要疏忽，对于真正的产品设计，也许一个细节都精彩。所以，要习惯使用灯光的排除，单独可以对某一个细节进行素描感描画，这就是补光的作用。

2. 氛围浓烈， 每个产品都有自己的产品市场倾向，消费心理。时尚电子与机械设备所使用的渲染环境是肯定不同的，使用辅助灯光加上颜色是好的方法，打个比方，酒吧里边的高脚杯，环境如何打光应该清楚吧。

3. 材质清晰，客户对于产品的材质（材料）是十分敏感的，磨沙，高反光，亚光，半透明，橡胶等等，我们需要在这些材质表现上下些功夫。对于初学者经

图 6.214 taxus 城市出租车设计（设计者：周旭琦）

常喜欢练习反射、折射焦散等特效。在真正的产品渲染是不需要的，客户也不喜欢，他们只讲究实实在在的材料，和很好表现此类产品的氛围感。因此，个人建议初学者不要把大量时间花在做特效上边，参数难调，焦头烂额，容易灰心，并且对于以后的产品效果图，这些事情有些得不偿失。

技法 2　KeyShot 渲染技巧

KeyShot 是一款即时渲染软件，由于操作简单，占电脑内存少，是历届学生们普遍爱用的渲染软件。所谓即时渲染技术，即可以让使用者在调节渲染参数的同时，能够在软件中直观表现出渲染的效果，从而可以更加方便地设置渲染的参数，提高渲染效率。KeyShot 的出现让原来需要专业人员才能进行的渲染工作变得轻松起来，真正实现了渲染的“平民化”。虽然有简单的操作界面，但 KeyShot 的使用也有很多技巧，本教程将使用 KeyShot 为大家渲染一个完整的模型，一起来体会即时渲染的乐趣。

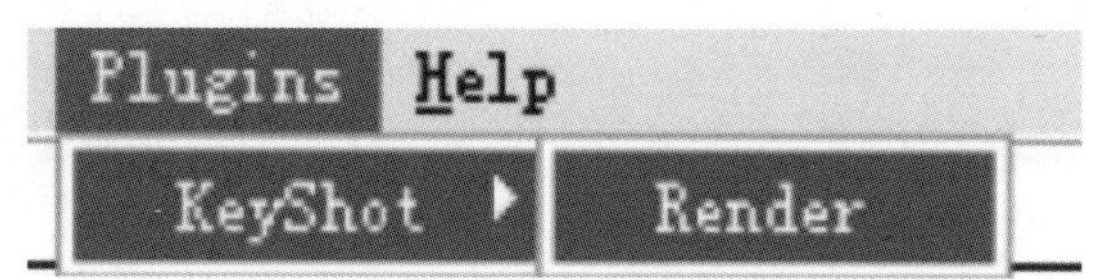

图 6.215　KeyShot 渲染器选项 1

配置 KeyShot 渲染器

KeyShot 渲染器可以单独使用，也可以作为插件安装到相关建模软件中，安装到不同的软件中需要不同的接口文件，在 Rhino 中安装 KeyShot 渲染器之后，Rhino 的菜单栏中会出现有关 KeyShot 渲染器的选项，如图 6.215 所示。

如果找不到 KeyShot 的菜单，可以选择，在打开的控制面板中单击下方的 Install（安装）按钮，如图 6.216 所示。

此时会弹出一个浏览窗口，选择 KeyShot 文件即可，如图 6.217 所示。

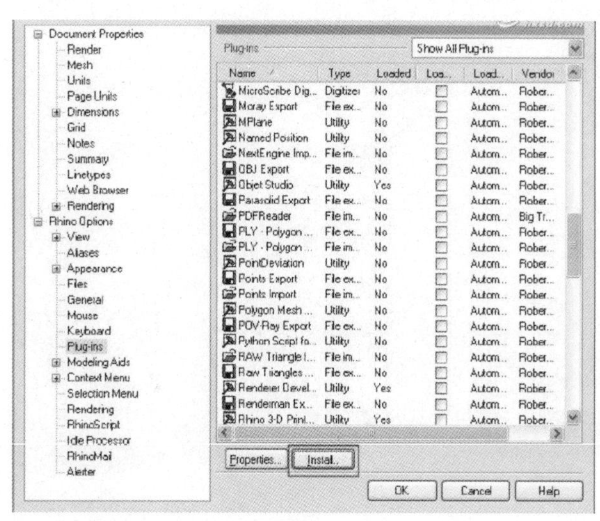

图 6.216　KeyShot 渲染器选项 2

用 KeyShot 渲染图像

打开模型，在 Rhino 中将模型的不同材质部分进行分层，将模型导入到 KeyShot 中，导入方法为单击 KeyShot 窗口底部的“Import”按钮或者直接将 Rhino 模型拖入窗口中，结果如图所示。可以看到，由于没有附材质，模型只是显示了 Rhino 中分层的效果，即

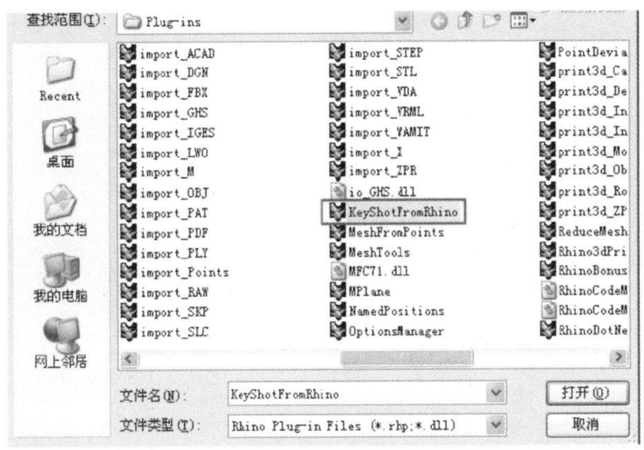

图 6.217　KeyShot 渲染器选项 3

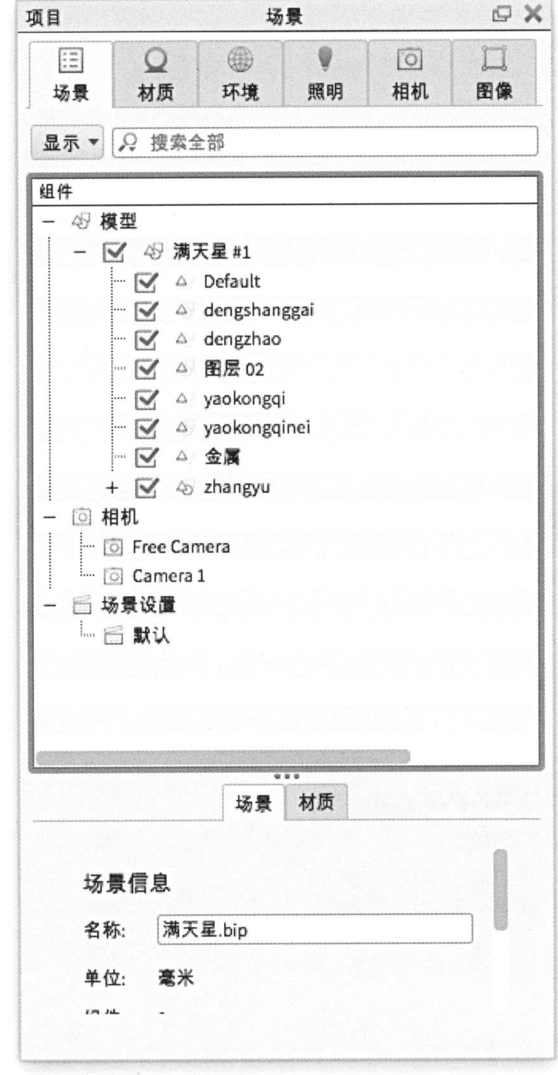

图 6.218　材质分层

便这样，模型底部也产生了比较柔和的阴影效果，这是场景中默认灯光的作用。如图 6.218。

设置环境

我们知道，所谓渲染，主要包括对模型材质、灯光及场景等方面的设置，下面我们分别就渲染的这几个方面进行讲解。我们计划将模型放在一个工作室摄影棚的场景中，周围环境光可以为模型中的抛光金属及磨砂金属服务，比如在灯的金属杆上制造出高光－反射环境深色－反射环境光的抛光金属杆特有的白－黑－白效果。这就需要周围光的来源不是从一点出发，而是分散开几点。在“库”中打开“环境”标签，选择“Environments”－“Studio”－“Light Tent”－“Open”下名为“Light Tent Spot 12K”的环境。选择环境时需要注意两点：1. 很好的衬托模型的颜色，比如白色模型就不宜选择过亮的环境。比如模型上半部分颜色深下半部分颜色浅，就需要选择与之相对的上浅下深颜色的背景。2. 背景中的 hdr 贴图中的光源需要恰当的反射在模型表面，表现模型材质。所谓 hdr 环境贴图主要目的还是利用反射说明模型的材质，比如汽车漆与不锈钢材质对环境贴图的反应是不同的，它们各自对环境贴图的反射效果，很好地说明了自身材质的属性。

根据模型颜色、材质、主题调整“项目”中环境的各个参数。这里因为是灯具模型，通过调整“亮度”，将环境整体亮度提高了一些，如果 hdr 贴图中有些光点位置不合适，可以考虑通过调整“旋转”角度获得合适角度的环境贴图。

同时也实验了深色背景环境光，在“库”中打开“环境”标签，选择“Environments”－“Studio”－“Light Tent”－“Screen Reflections”中的“Light Tent Screen Front 2k.hdr”，并在“项目中”调整环境的各个参数，直到模型的各个部分的材质被确切清楚地表达出来。如图 6.219、6.220、6.221。

图 6.219　设置材质（1）

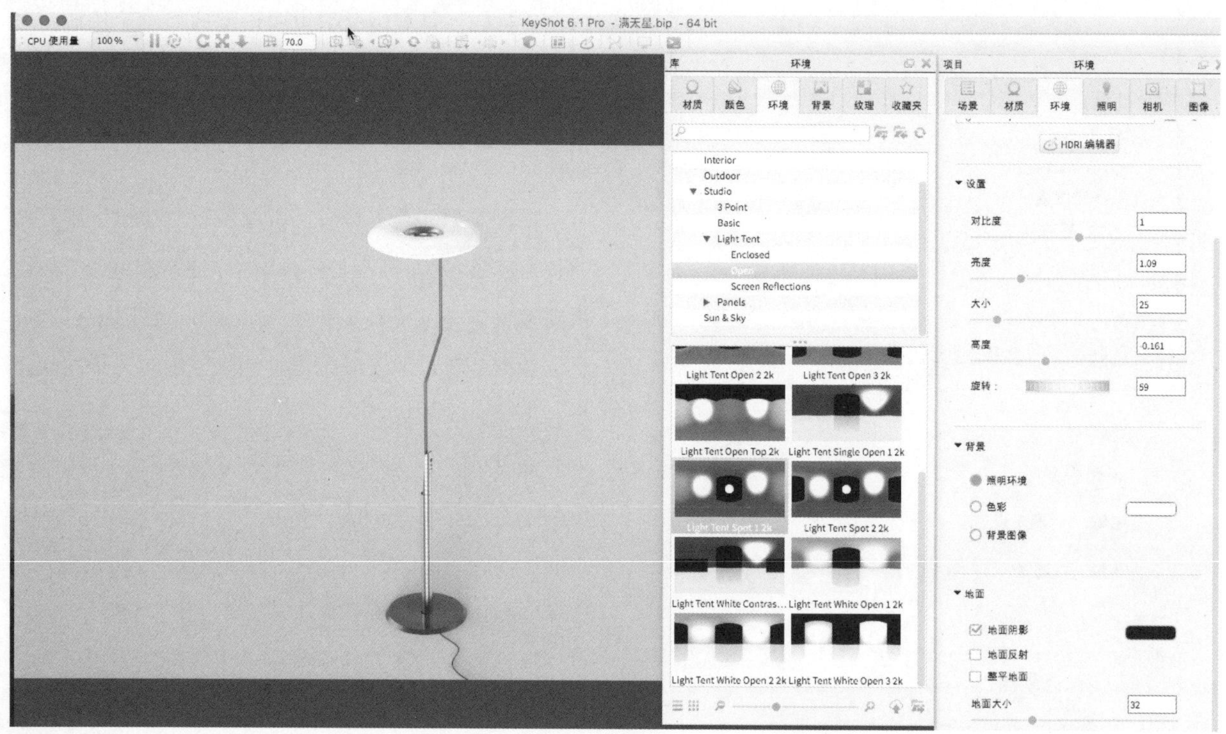

图 6.220　设置材质（2）

图 6.221　调整材质（3）

调节磨砂金属材质

在需要调节金属材质的部位双击鼠标左键，设置金属材质，这里选择“Aluminum rough”材质球。如下图所示，其次，选择金属色，并根据模型尺寸调整粗糙度，保证磨砂材质不会过细也不会过粗。

调节透明发光塑料灯罩材质

在灯罩模型下面放置一个发光层，模拟灯罩中的

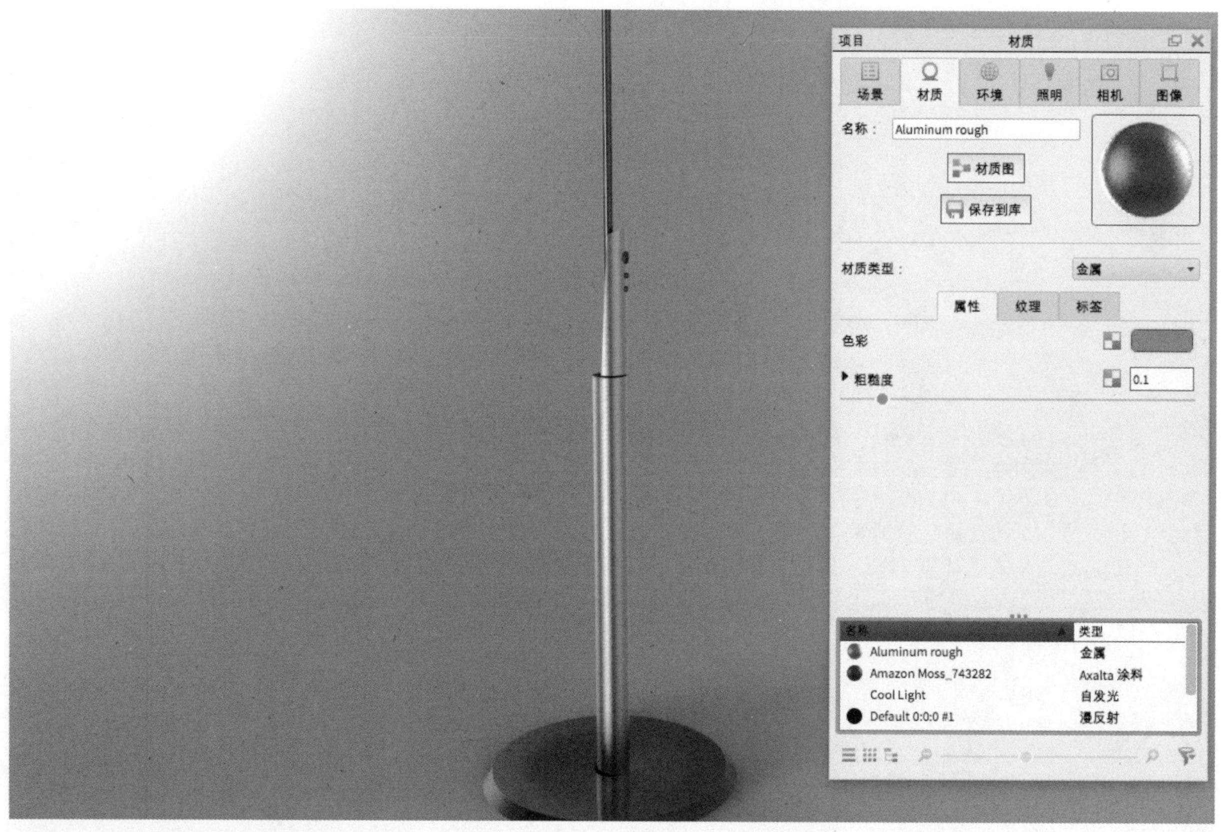

图 6.222　调整磨砂金属材质（1）

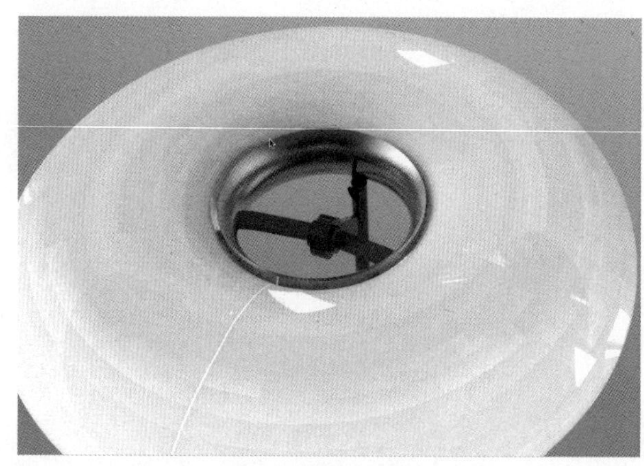

图 6.223　调整磨砂金属材质（2）

图 6.224　调整磨砂金属材质（3）

Led 发光板，给发光板选择“Cool Light”材质球。再给灯罩选择“Glass light frost white”材质球。调整材质球的半透明度和粗糙度，模拟半透明塑料灯罩的质感。在“库”里导出一张 .hdr 格式的环境贴图，添加在“Glass light frost white”纹理标签中的“高光”中，此时，灯罩会出现环境光的反射，结果如下图所示。

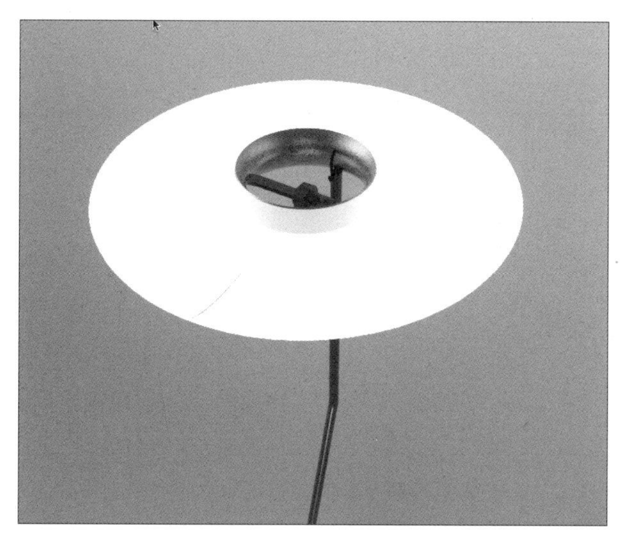

图 6.225　半透明塑料灯罩下有 LED 发光板

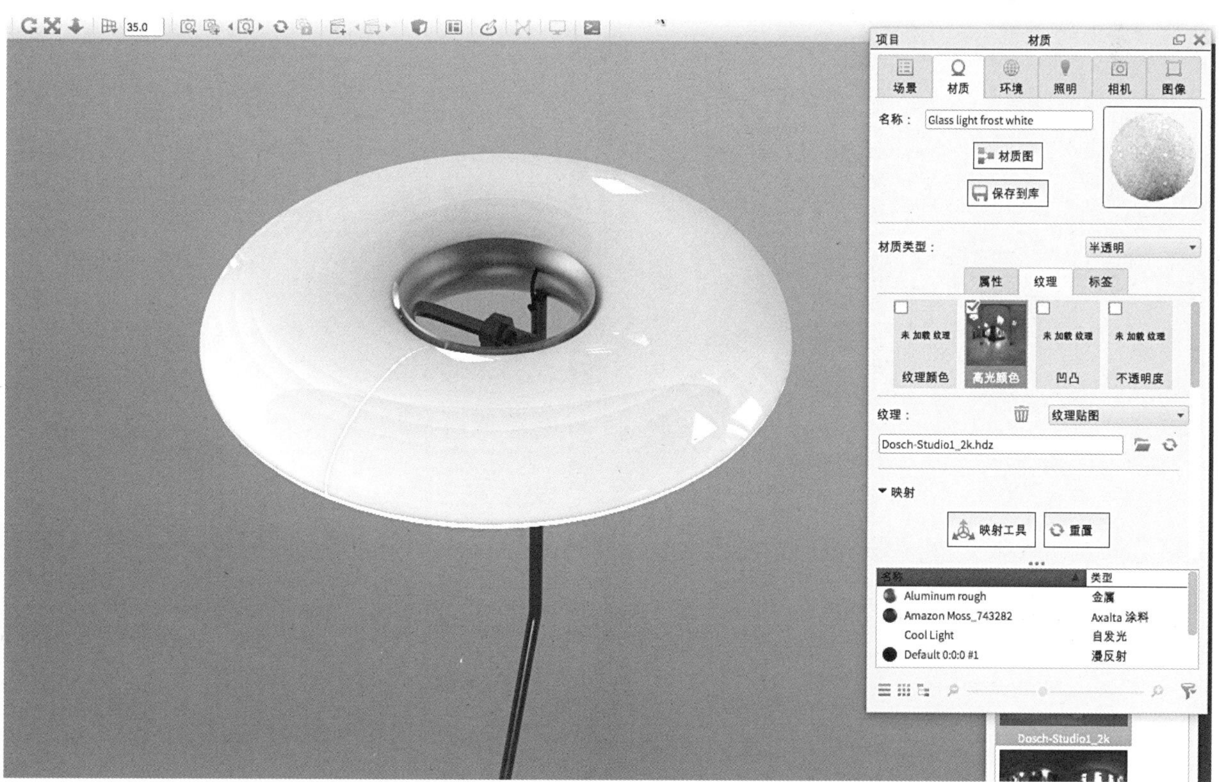

图 6.226　调整灯罩材质

调节镜面烤漆材质

模型底座材质为金属表面烤漆。在“库”中的“材质标签”里选择“Blackberry Brandy_743281”，根据材质与环境光的关系调整“项目”中材质的各个参数。如图 6.228 所示。

为模型添加背景

将产品展示给客户时，有时需要将产品放在使用环境中展示给客户，向客户阐述产品适合用于什么样的环境，如图 6.229 6.230 所示。在“项目”下的“环境”标签的底部选择“背景图像”，选择“加载背景”标签，导入一张 jpeg 格式的图片，此时，模型与背景图需要匹配视角，点击下端“匹配视角”按钮，将 x、y、z 轴的角度与图片调整为一致，再调整菜单栏中的按钮。改变模型的角度，让模型与背景图的视角一致，仿佛是在背景图的环境中一样。

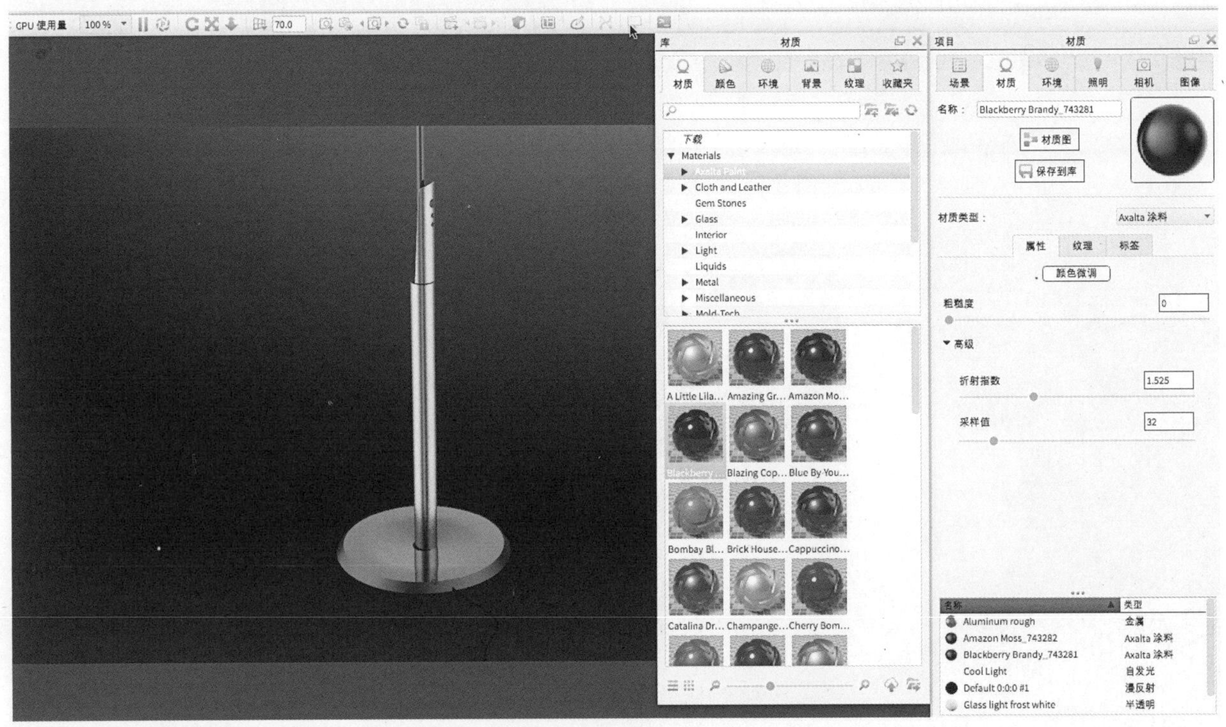

图 6.228　调整镜面喷漆材质

图 6.229　添加背景，调整 x、y、z 轴的角度

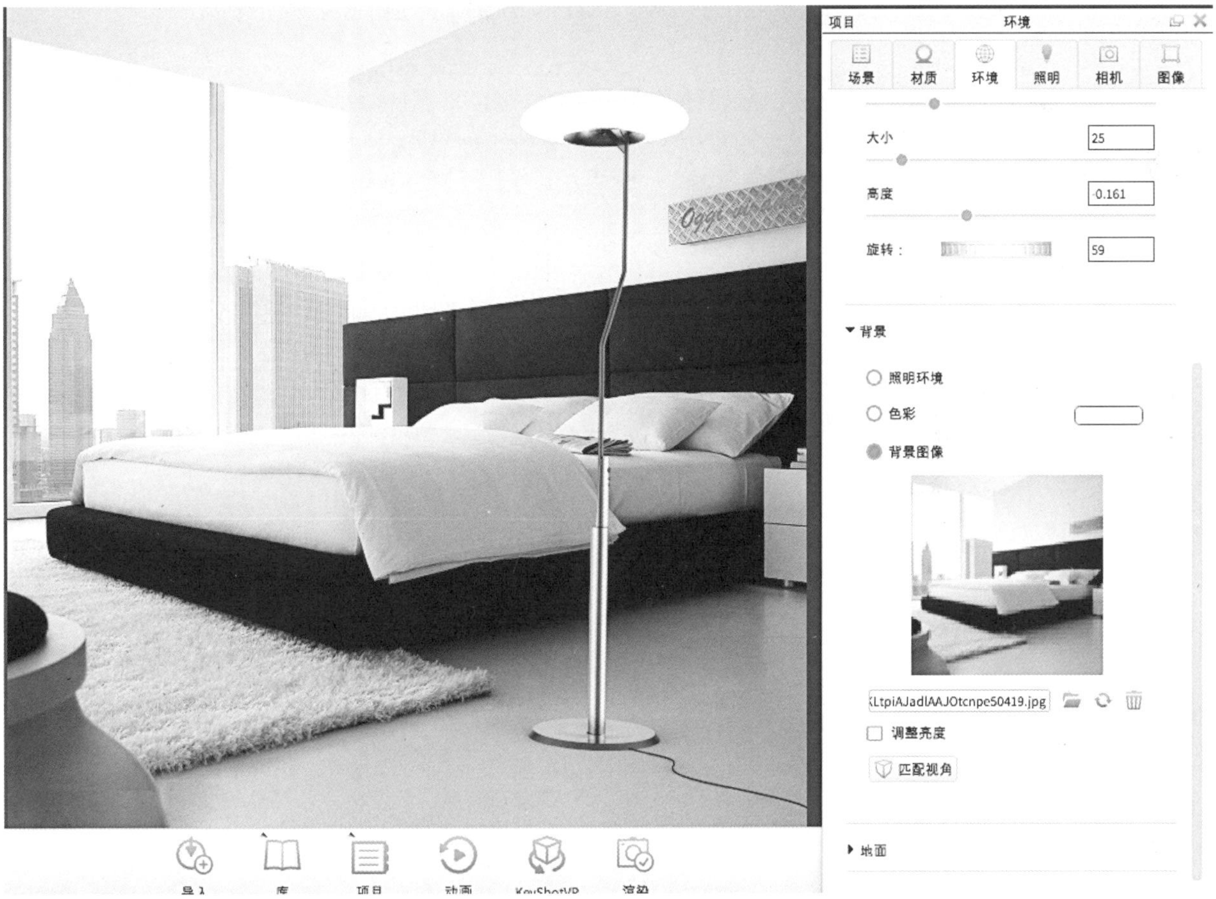

图 6.230　添加背景完成

渲染设置

单击视图下方的“渲染”按钮，或点击菜单栏中的“渲染”–“渲染”。可以打开渲染输出的控制面板，如图所示。其中，“文件夹”可以指定渲染的保存路径，“存储格式”默认为 JPEG 格式，也可以存储为 TIFF 格式，这样就可以利用 Photoshop 的通道功能，将模型和背景进行分离。“打印大小”中可以设置输出的尺寸。当一切设置无误之后，可以单击右下角的“渲染”按钮对模型进行渲染。如图 6.231。

实践题：

练习示范中的磨砂金属材质、半透明塑料材质和镜面烤漆材质，给予模型适合的环境 hdr 贴图和外部导入的背景图。此外，透明亚克力、不锈钢、橡胶漆、瓷器等材质也需要额外练习。

图 6.231　渲染设置

渲染动画

在 KeyShot 中可以实现简单的动画效果，尤其是 KeyShot6.0 版本以后增强了动画的功能，下面我们用一个轮廓的例子来简单演示一下 KeyShot 中最重要的两种动画效果，即移动和旋转。

在“项目”中选择“模型”（包含了模型的各个部分），右击鼠标，弹出菜单栏中选择“动画”-“旋转”。同时，动画时间轴在渲染图像下方自动弹出，如下图所示。

调整时间轴中的参数，设置旋转角度、枢轴点、时间设置中的参数。系统默认物体是沿着自身的中心轴进行旋转。我们也可以为物体指定其他的旋转参照

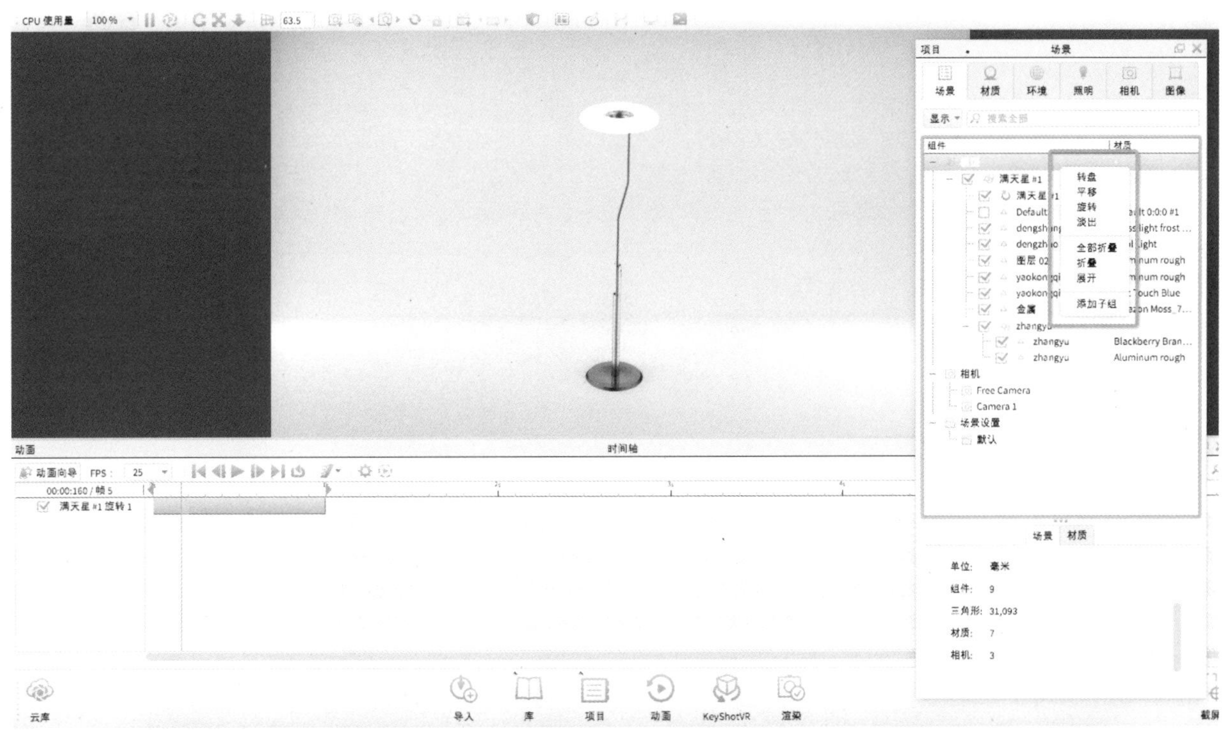

图 6.232　渲染旋转动画（1）

物，方法为单击“轴枢点”下的“拾取”按钮，拾取一个新的物件作为旋转参照，此设置适用于不是沿着自身中心轴旋转的物体，比如笔记本的翻盖等。在“时间设置”中，可以设置“运动渐变”的模式，还可以设置动画的长度。关于动画的长度，还可以拖动“时间轴”面板中的绿色滑动条进行手动设置。

选择渲染图像底部“渲染”按钮，在弹出的对话框中选择“动画”标签，对即将渲染的动画的大小尺寸、保存格式进行设置，点击右下角“渲染”按钮，进行动画渲染。

下面设置移动动画。在动画时间轴对话框中选择“动画向导”，如图所示，在弹出的对话框中选择“平移”，此时，时间轴中出现新的平移动画层，调整时间轴的动画时间，让旋转动画和平移动画同时进行，这样灯就可以一边旋转一边移动了。

调整时间轴中平移动画层的参数，如图，在“平移”中选择平移的轨迹和距离。

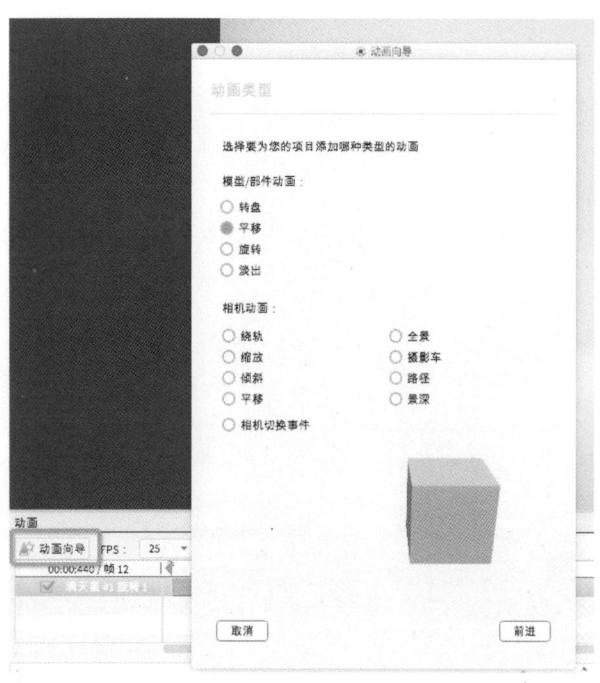

图 6.235　渲染移动动画（1）

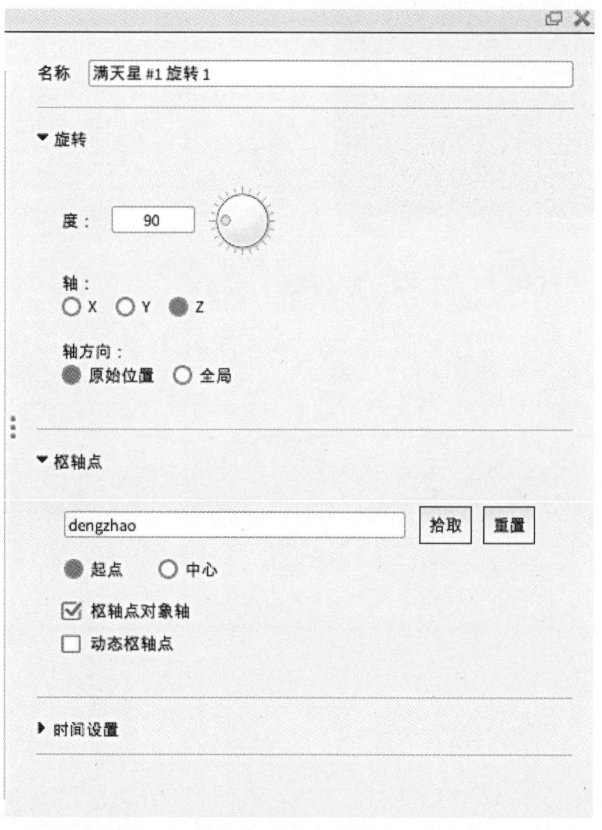

图 6.233　渲染旋转动画（2）

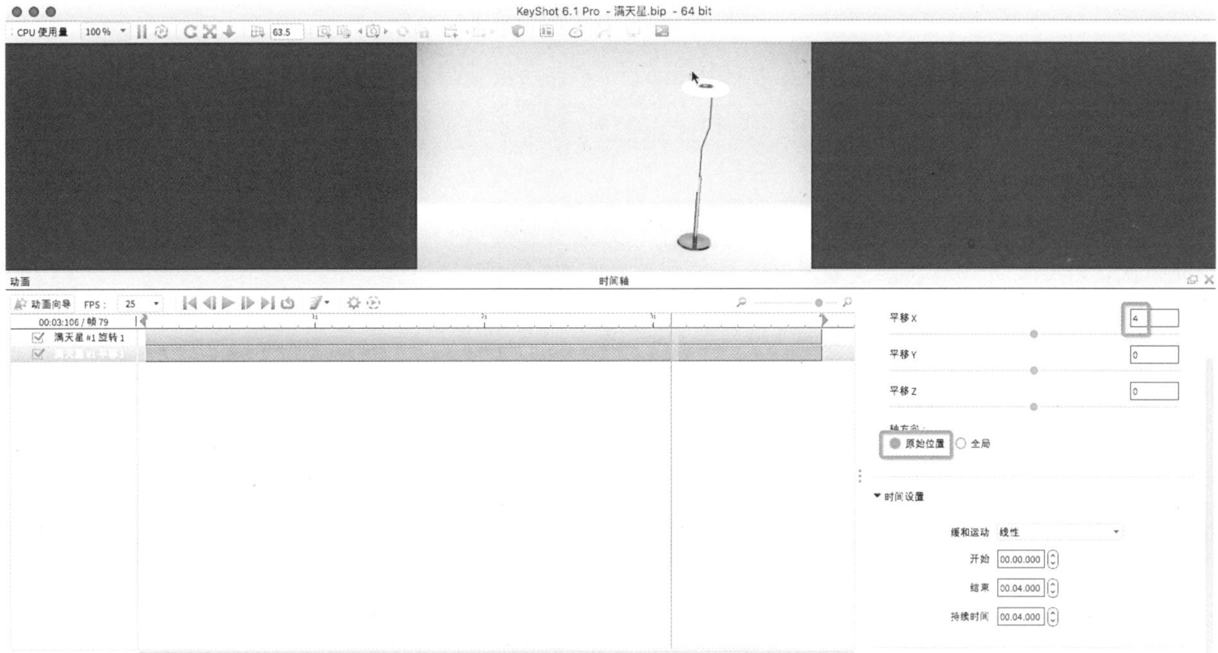

图 6.236　渲染移动动画（2）

渲染
输出
选项
Queue
静态图像　动画　KeyShotVR
名称　满天星 6.psd
文件夹　/Users/defaultuser/Desktop/'s的桌面/设计综合表达课本
格式　PSD　包含 alpha（透明度）
分辨率　2560　x　2560　预设
打印大小　21.6747　x　21.6747　厘米　于　300 DPI
Pass　所有渲染 Pass　所有渲染层　添加到 PSD
深度 Pass
几何图形法线 Pass
Clown Pass
区域
左：186　上：186
宽度：2189　高度：2189
渲染

图 6.234　渲染旋转动画（3）

技法 3 利用 Photoshop 合成灯光效果

利用渲染软件渲染，通常需要反复调整反复实验，费时费力。利用 Photoshop 合成技术可以在渲染软件中打光不足的时候为在产品图像中任意调整。举例如下，同学们可以根据这个技巧举一反三。

首先，在 KeyShot 中开始渲染模型，渲染设置中如图所示：勾选“包含 alpha”，格式保存为 PSD 格式，这样方便我们在 PhotoShop 中对渲染图进行润色。

渲染完成后，自动保存在选定文件夹的下方，打开 PSD 文件，如图所示。发现保存的图去掉了背景，这是方便我们将模型排到版面中。如果不想去掉背景，在渲染设置时就不要勾选“包含 alpha”，如图 6.237 6.238。

接着，打开图层对话框，新建一个黑色到白色渐变的背景，调整图层顺序，放在灯的图层下方，如图 6.239。

在实际生活场景中，环境色调不会单纯是黑白色的，为了给背景丰富一些色彩，继续在图层对话框中新建一个图层放置在灯图层下方，并填充紫色至淡黄的渐变色。并在图层对话框中选择“Soft Light”的遮罩方式，如图 6.240。

如图 6.241，制作地面上的光晕。新建一个图层，放在灯图层下面。用“圆形套索”工具画一个椭圆，填充白色，取消选择。选择菜单栏中的“效果”—“模糊”—“高斯模糊”将白色椭圆变成如图所示的边缘模糊的椭圆。在图层对话框中将此图层透明度修改为 76%。在图层对话框中双击此图层，弹出“图层样式”对话框，选择“填充颜色”，填充淡黄色。选择“外发光”，系统默认淡黄色的发光，不用修改参数。

接着，制作灯罩中射出的光线。图 6.242 中为了让大家看清楚表现光线的白色透明渐变图形，将背景暂时填充了黑色。新建图层，用“多边形套索”工具画一个梯形，填充由上向下的白色至透明渐变，调整梯形的形状与灯的位置。选择菜单栏中的“效果”—“模糊”—“高斯模糊”将白色渐变梯形变成如图所示的边缘模糊的梯形。再复制一个图层，将第二个图层横向缩小。两个图层都选择“Soft Light”的遮罩方式。

最后整体调整背景深浅和光影位置，完成，如图 6.243。

实践作业：

利用 Keyshot 渲染一张产品效果图，要求以清楚明快的风格表现产品的玻璃、金属、高光塑料、磨砂塑料等材质。

利用全局光照明和 Photoshop 合成技术，制作一张效果精美的产品效果图。

图 6.237 KeyShot 渲染设置

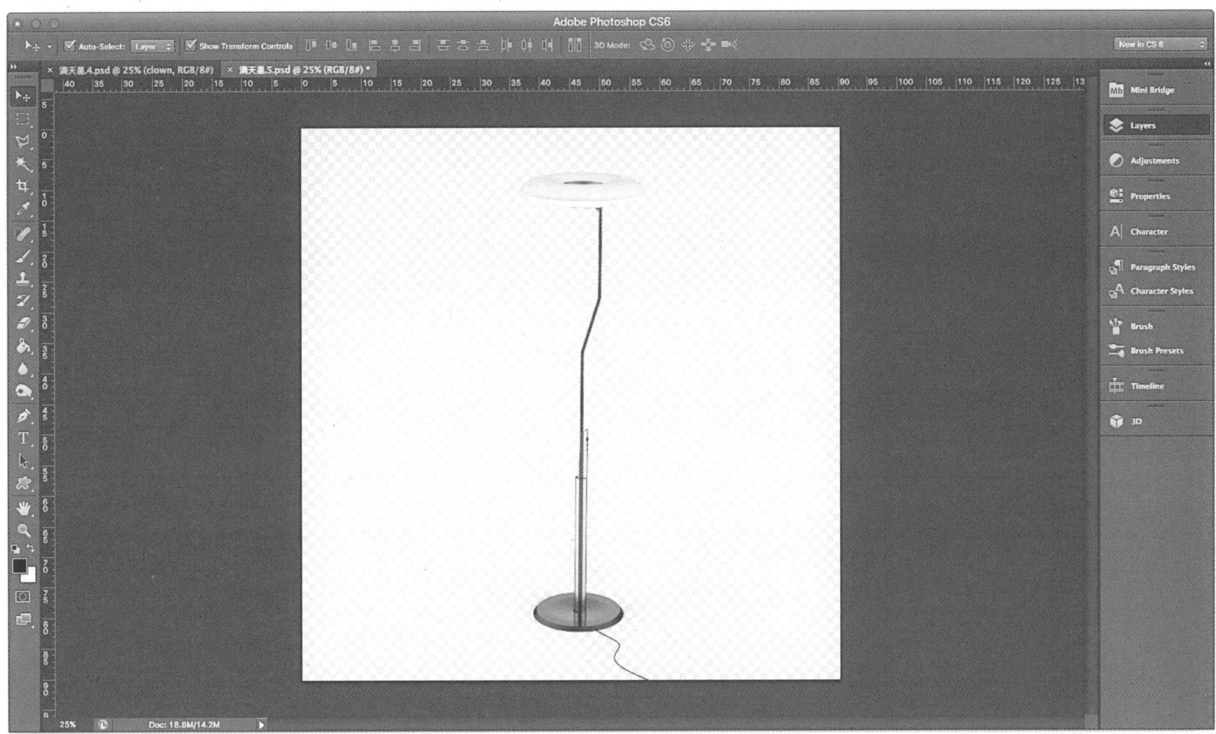

图 6.238　渲染文件在 Photoshop 中打开

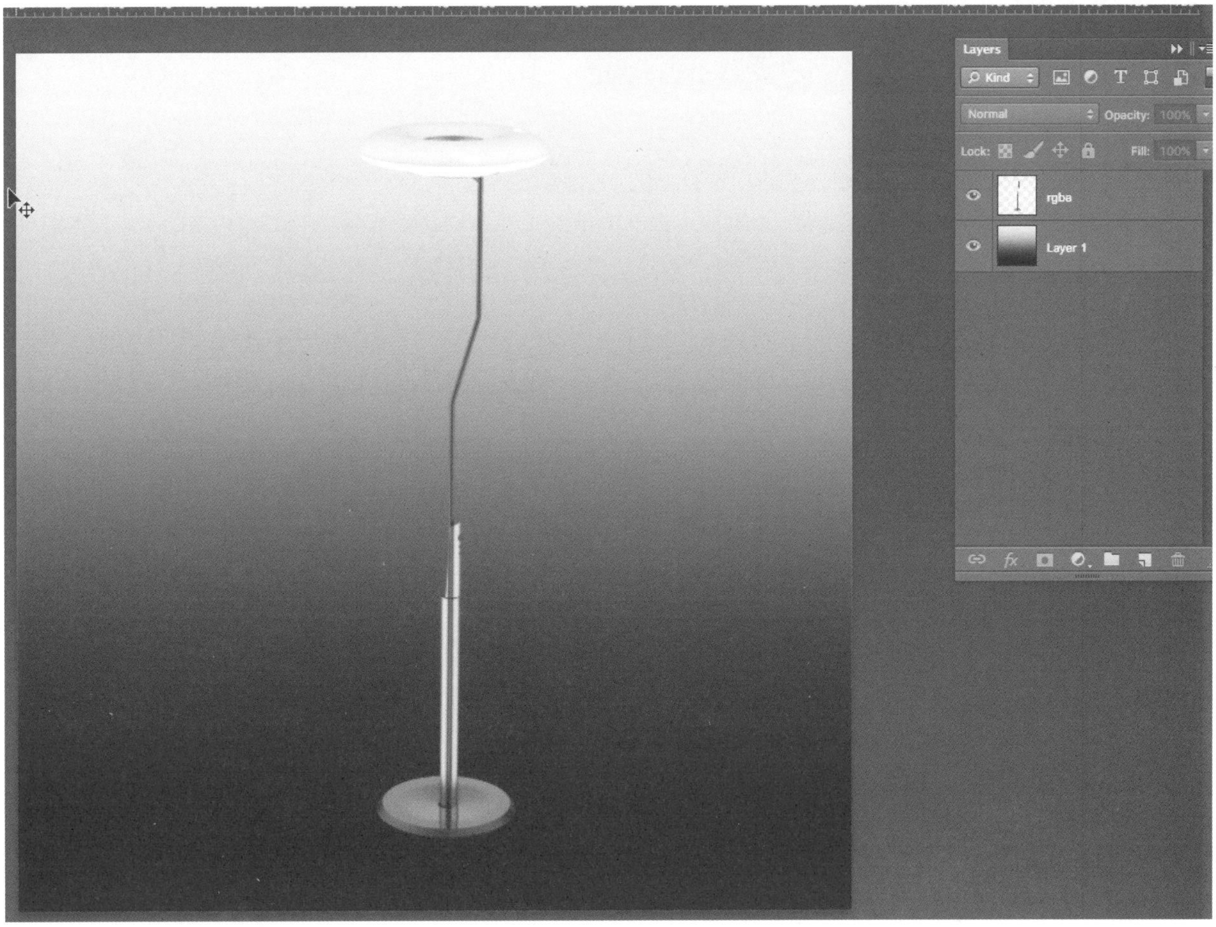

图 6.239　添加黑白渐变背景

图 6.240 添加紫色渐变背景

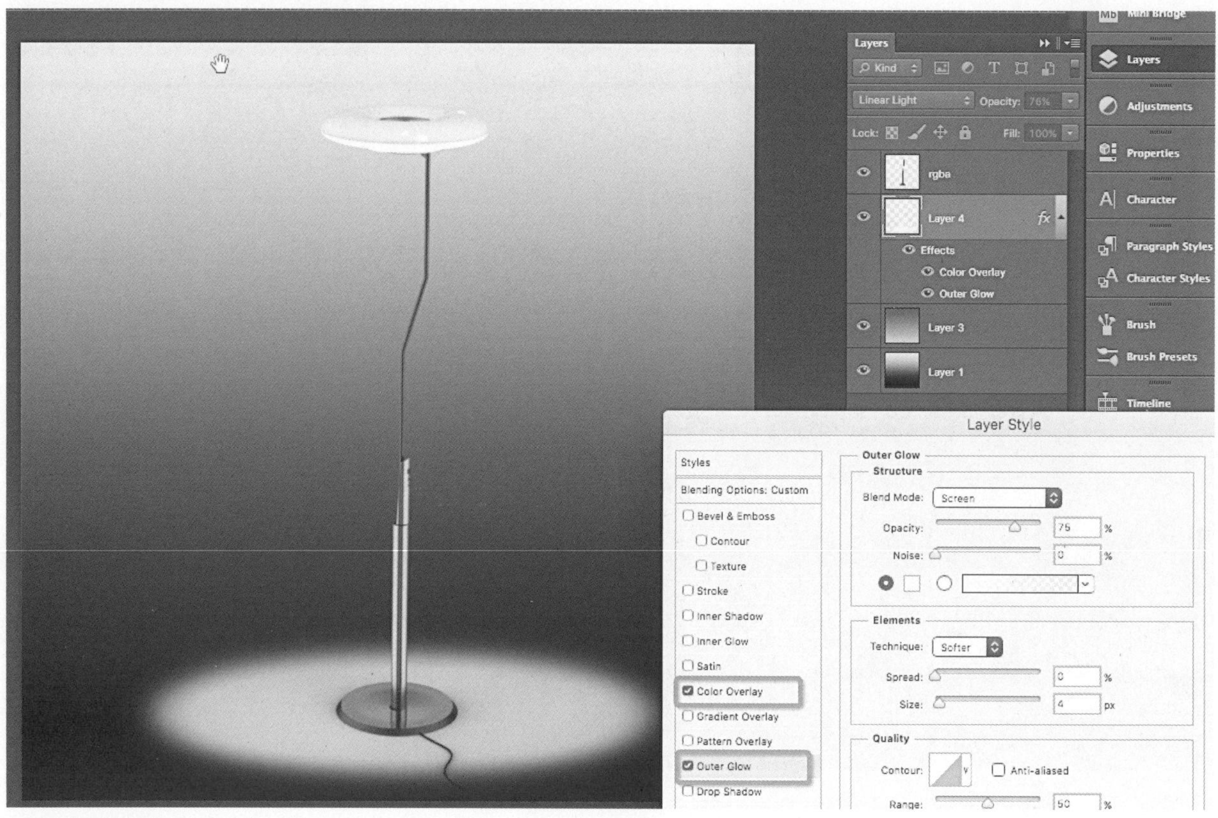

图 6.241 添加地面光晕

图 6.242　制作灯罩中射出的光线

图 6.243　Photoshop 合成灯光效果最终完成

第七章

综合设计表达
传播板块能力训练

图 7.0　学生用文案、海报、模型、展示等综合手段表现自己的设计

同学们在上课时，参与工坊工作时，毕业答辩时，常会被要求讲自己的作品做发表或做展示，此时，大部分同学会头疼自己的口头表达能力和展示设计的能力，因为这两个领域是我们平时接触不多的。演示发表的能力，展示了一个人的精神面貌、语言表达、思维逻辑等多方面的能力。通过精准的表达，可以让对方理解我们的设计意图，通过对演示发表方式的合理编排，可以让我们的设计方案更容易被人接受。在企业里，人们更多愿意与善于表达的设计师沟通，因此，演示发表是一项受用终身的技能，同学们务必需要勤加练习。而通过产品展示设计，可以在一定程度上让设计作品在更融洽的气氛环境中出现，可以暗示观者使用产品时的气氛与心境。通过展示设计，还可以合理规避一些作品中不好看的角度，让作品以更好的状态被观者接受。

第一节　演示发表能力

当编者在学生时代，遇到演示发表会紧张，这也是大多数同学会遇到的问题，特别是到了国外留学时，语言不熟练，还需要以自信的状态发表自己的设计，那真是困难极了。编者曾经在一次就职发表前夜，为克服发表紧张的心理，一个晚上自己预演了 30 遍，当然排练完以后天就快要亮了。第二天演讲当然自信满满又流畅熟练，付出这样的努力也是值得的。

演示发表时，熟练的解说与自信的发挥非常重要，可以吸引观者的兴趣，可以用语言与动作的美丽打动观者，可以为你的作品加分。试想你是老师，或是公司产品部经理，需要在一个上午审查多个项目发表，一定是会对演示发表流畅悦耳的项目感兴趣，而不会重视演示发表逻辑不清、词不达意的项目。

技法 1　基础篇

准备阶段

当我们在准备演示发表时，请仔细准备你的演讲逻辑框架，就像你写一份书面报告一样。这时，请试着站在一个对设计一无所知的人的角度上思考发表顺序。

思考要点：1. 演讲的目的？ 2. 演讲要说哪些要点？ 3. 是否可以在一开始就吸引观者的兴趣，鼓励他们往下听讲？

步骤：1. 写一个粗略的预备稿，类似于打书面报告的草稿。2. 检查一遍预备稿，删除无关和多余的东西。让你的整个演讲故事保持通顺流畅。3. 预先排演你的演讲，说辞和 PPT 演示要配合同步，能够做到有效的操作 PPT。练习很重要，通常能够提高你的技巧，而且能让你的每一处演讲都变得更好。

演讲阶段

步骤： 致意观众，告诉观众你要对他们说什么，然后开始演讲内容。

要点：1. 永远不要读小抄。2. 你一定要知道自己究竟想说什么，否则你就不该做这个演讲。3. 主攻关键词和主要概念。4. 注意时间限制。5. 在任何情况下，在有限的时间里结束好过超时。6. 坚持原定的演讲方案，不要跑偏。

关于传达

要点：1. 说话清晰，不要太大声也不要耳语。2. 不要急，谨慎地慢慢说，自然一点，也不要显得太自来熟了。3. 在关键的时候故意停一下，这有助于你强调对于你比较重要的重点。4. 尽量避免讲笑话，除非你是天生老手，否则通常是个灾难。5. 运用手部动作强调观点，但不要过于沉溺与把手挥来挥去。6. 尽量多的看观众，不要只盯着一个人看，这样会吓人的。7. 不要对着身后的大屏幕演讲，不要站在会挡住屏幕的位置上。8. 不要过多的移动，走来走去会让下面的观众很焦躁，但有一些移动可以帮助吸引观众的注意力。9. 注意观众的肢体语言，这样就知道什么时候该结束，什么时候该中断其中某些演讲片段。

关于视觉操作

要点：1. 保持简洁，过于复杂的硬件操作会让演讲者和观众困惑。2. 你一定要预先知道如何操作演讲设备。3. 先检查你的 PPT 幻灯片，看看有没有排版的错别字，字体和版面需要有一致性。4. 幻灯片上应包含最简单的必要信息，否则幻灯片会很难阅读或转移观众注意力，他们会试图看懂你幻灯片上的字而不是听你演讲。5. 图像永远好过文字。

技法 2　进阶篇

如果你的演示发表能力已经相当熟练，那么你可以考虑以下换一种新颖的方式去发表，发表的形式可以自由发挥，但前提是把自己设计的内容与重点表现出来，避免哗众取宠。如果设计是带有操作屏幕的产品，可以自己做一个草模，将手机或电脑的屏幕放进去演示。如果是带有互动形式的产品，可以做一个 flash 投影在屏幕上与自己做互动。如果是带有服务内容的设计，可以安排小组成员一起上场组织一个生动有趣的表演。如下图 7.11、7.12，这是日本千叶大学和芬兰设计与艺术大学的学生，共同完成的设计工作坊演示发表，图 7.11 中，发表的设计是一根儿童玩具跳绳，放在地上可以投射出池塘捕鱼的互动游戏。演示发表时，设计者将投影仪投在地面上，做了简单的 flash 动画，并扮演儿童，跳在投影中边表演边演示。

图 7.12 中的设计是餐厅里可以和小朋友玩互动游戏的儿童餐具，设计小组成员分别扮演家长和儿童，并用硬纸做了盘子模型，发表时将电脑屏幕藏在盘子

图 7.11　日本千叶大学和芬兰设计与艺术大学的学生　共同完成的设计工作坊演示发表现场

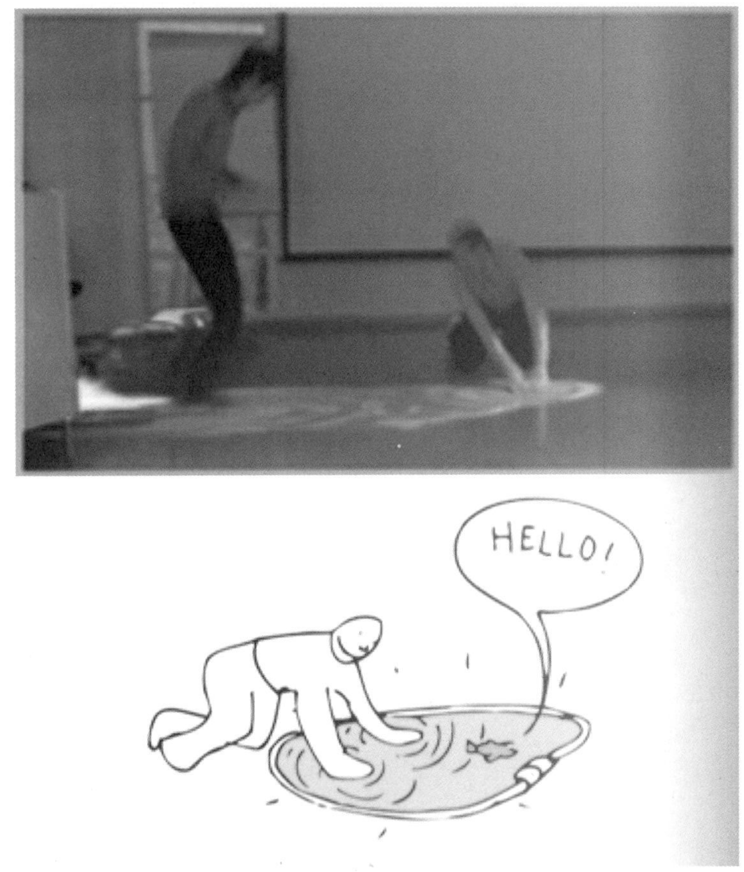

图 7.1 2　日本千叶大学和芬兰设计与艺术大学的学生　共同完成的设计工作坊演示发表现场

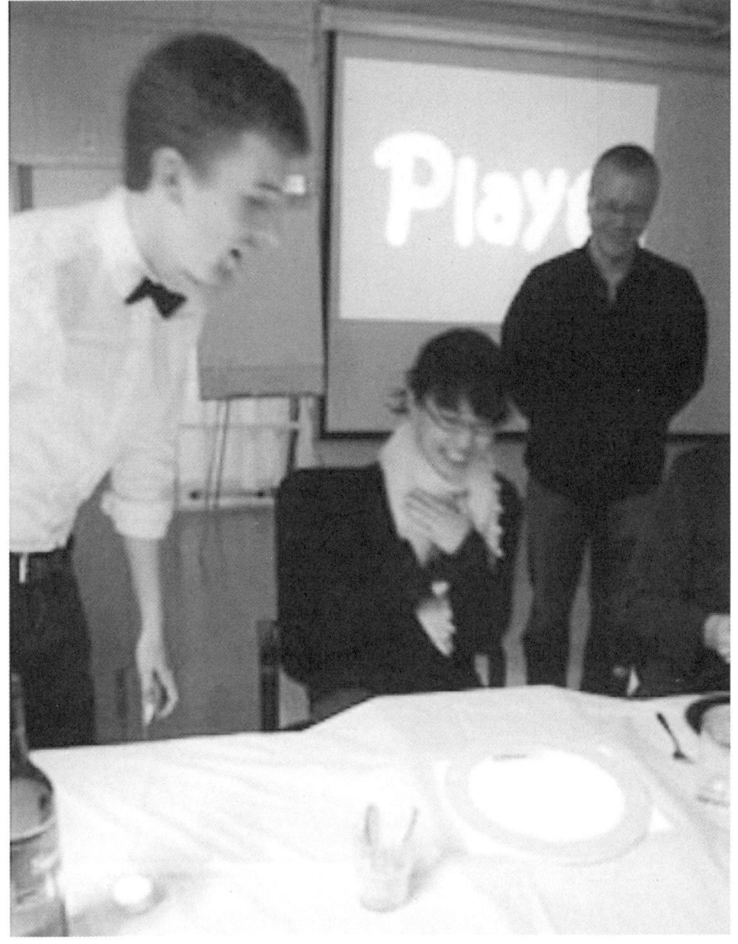

模型下面，在电脑里载入 flash，就可以演示盘子上的互动游戏了。

以上两个例子，由于设计者采用了新颖的演示方式，使现场气氛十分活跃，观众饶有兴趣地观看了整个发表，效果大大超出了幻灯片演讲的方式。然而这样的形式中还需要注意，观众的理解度，草模中的图像是不是能被所有人看见，表演过度的问题。设计专业的同学，可以大胆发挥想象力，设计出其他有创意的发表形式。

实践练习：熟练的排演你设计的产品发表演说辞，让自己在发表会上流畅无误的表演出来。

第二节　产品展示设计能力

展示是指把客户带引至产品面前，透过实物的观看、操作，让客户充分地了解产品的外观、操作的方法、具备的功能以及可能会给客户带来的利益，达到销售的目的。对产品设计师来说产品展示有三个要素影响其效果：1. 产品本身。产品模型是否完整，细节是否到位，是不是能够完全模拟设计师的设计方案，是否具有魅力让观者驻足停留一段时间。在这个时间里，可以通过产品外观、多媒体视频、展板、展示环境等工具有顺序、有逻辑、生动地说明产品的特征和优势。此外展板、多媒体等信息是否容易理解，是否看的清楚。2. 展示的类型。设计的展示类型是否有利于产品对外介绍、与观者互动，展厅空间的气氛，观者是否愿意进入展示空间，设计好引导区，如果需要邀请观众的话，提前制定邀请方案。3. 展示前的准备。产品、多媒体道具事先检查，确定性能符合标准，到展厅工作人员处确定电源、地点、操作空间等，备用物品检查，如模型里有灯泡可以预备一个灯泡以防坏掉，检查展示设备是否备齐，产品介绍人员的服装、仪容，演练展示的演说辞，注意演说辞的注意点，在产品向不同观者介绍时，需要根据其身份呈现不同的演说辞。

图 7.13　日本金沢美术工艺大学专业毕业设计展现场（来源：日本金沢美术工艺大学官网）

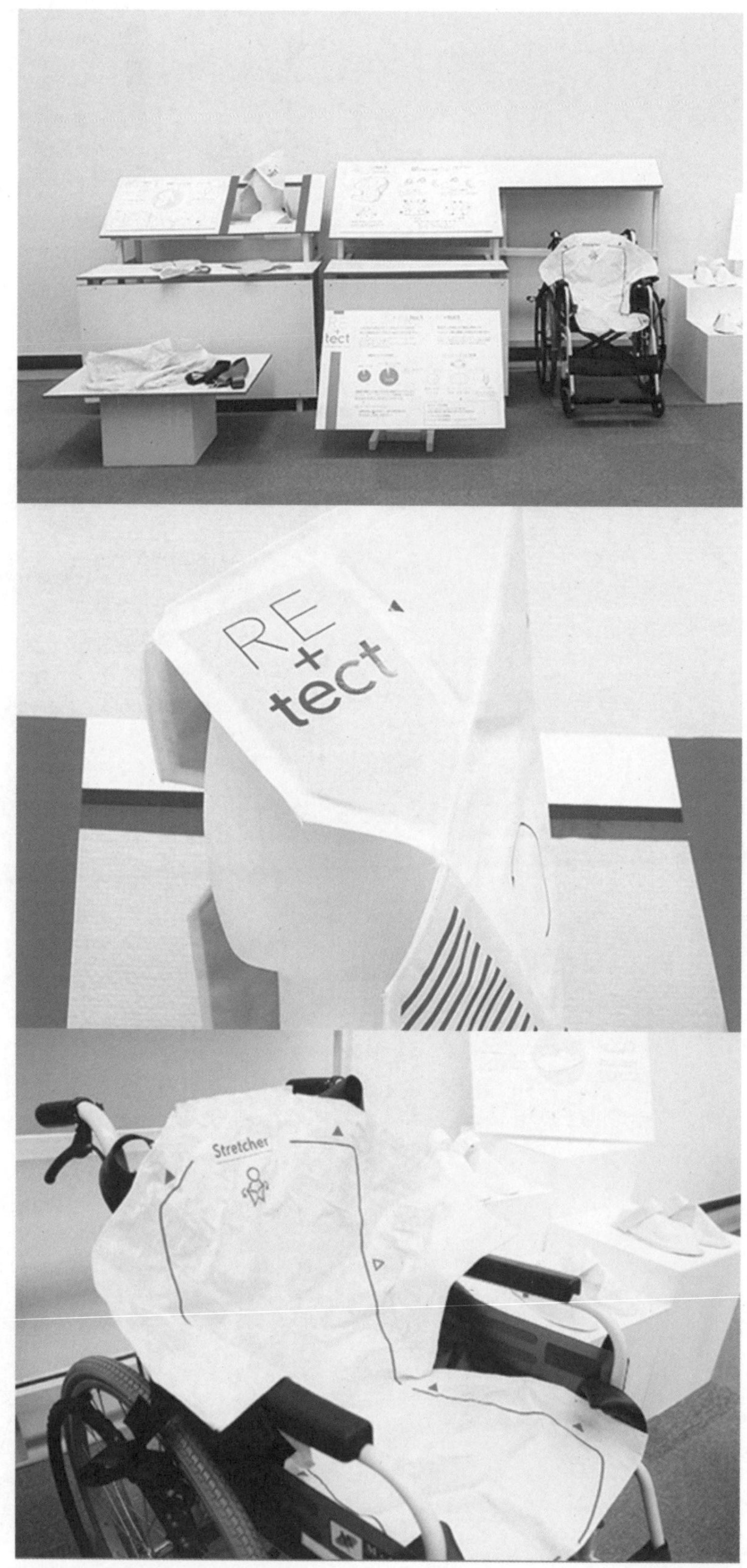

图 7.14　日本名古屋学艺大学专业毕业设计展现场（来源：日本名古屋学艺大学官网）

技巧 1　让观者身临其境、感同身受

在设计展示方案时，有必要将这一点作为展示设计的目标。首先动用一切设计手法让客户听得懂、看得懂。切忌使用过多的“专有名词”，让观者不能充分理解你要表达的意思。掌握观者的关心点，对于普通大众消费者来说，对于你的设计，他们最可能关心的问题是什么，试着从观者的角度出发重点介绍，证明你的产品可以满足消费者。其次，让客户亲身感受你的产品，包括视觉、听觉、触觉、嗅觉的感知，同时，尽可能提供舒适优美的环境让观者体验。如果是带有功能的产品比如带抽屉的家具、座椅、带开关的台灯等，可以邀请观者打开或使用，让观者参与其中。在展示信息中，可以引用一些真实的实例，证明大家对产品的接受度，十分满意或十分舒适等，引导消费者的感受。

思考练习：利用三种以上感知方式为自己设计的产品设计一个展示方案。

图 7.15　2013 年南京艺术学院毕业设计展《新文人家居产品设计研究》（作者：刘强　陆强　何方　印梦亚　张恺亨　孙国民　王思路　魏亚军　姚宇杰　指导老师：张明　郑昕怡　王倩）

技巧 2　话题性的展示

在展厅中的众多展位中如何脱颖而出，在于观者走完全程以后是否还会对你的设计有印象，除了好的概念优美的造型，还可以制造一些有趣的话题给观者耳目一新的感觉。例如：产品的使用会结合生活中的一系列事件发生，截取一些有意思的情节变为展示设计的元素，可以使展览变得生动有趣，或给产品起一个有意思的名字，或给设计一个别致的展示空间等等。只要不脱离产品的理念，不哗众取宠，适当的通过制造话题博取观众眼球，可以为自己的设计赢得更多的关注。如图 7.16，是灯具系列设计，设计者为了配合飞鸟造型的设计，营造了一个飞鸟环绕的空间，同时调暗展示空间的光线，突出飞鸟造型的光线。为设计起名“恰克与飞鸟”，与日本演唱组合同名，达到与观者共鸣的效果。

思考练习：回想从前的设计展示，如何通过话题性设计让展示更加夺人眼球？

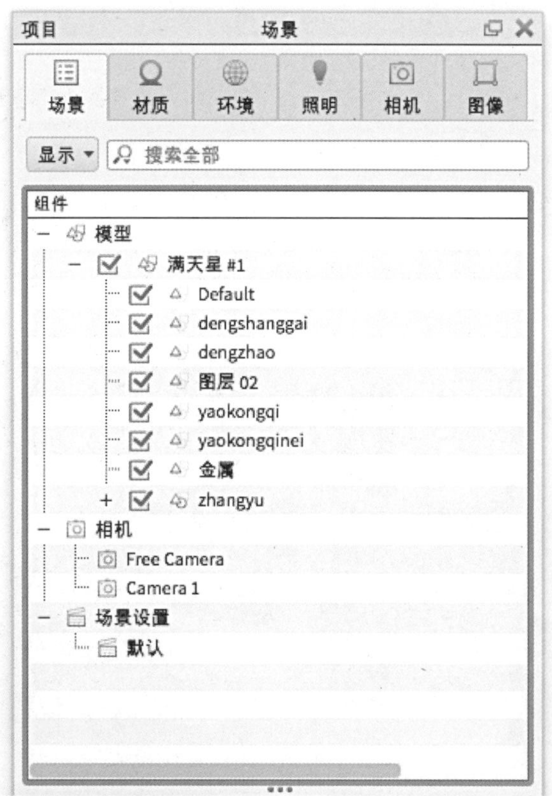

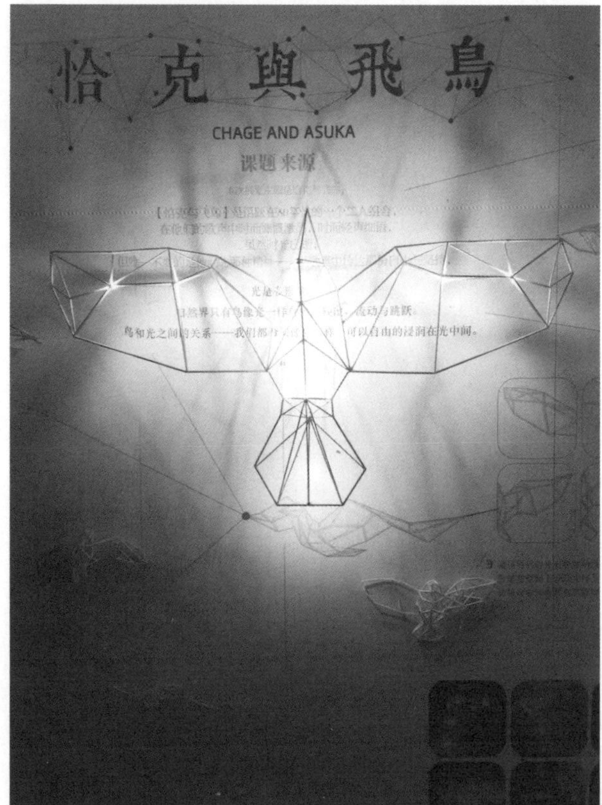

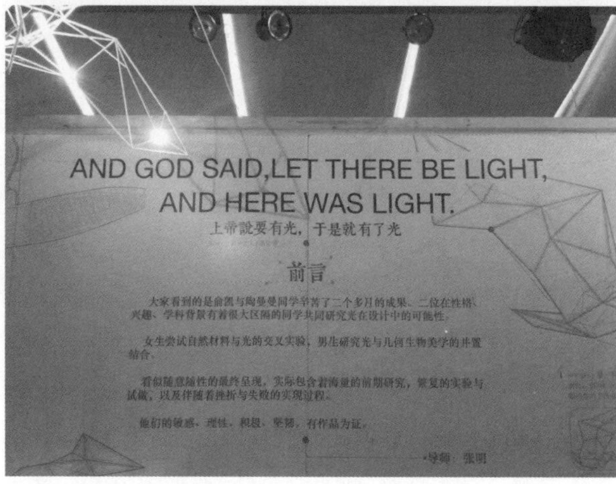

图 7.16　南京艺术学院研究生课程作业展《恰克与飞鸟》（作者：俞凯　指导教师：张明）

第八章

优秀作品赏析

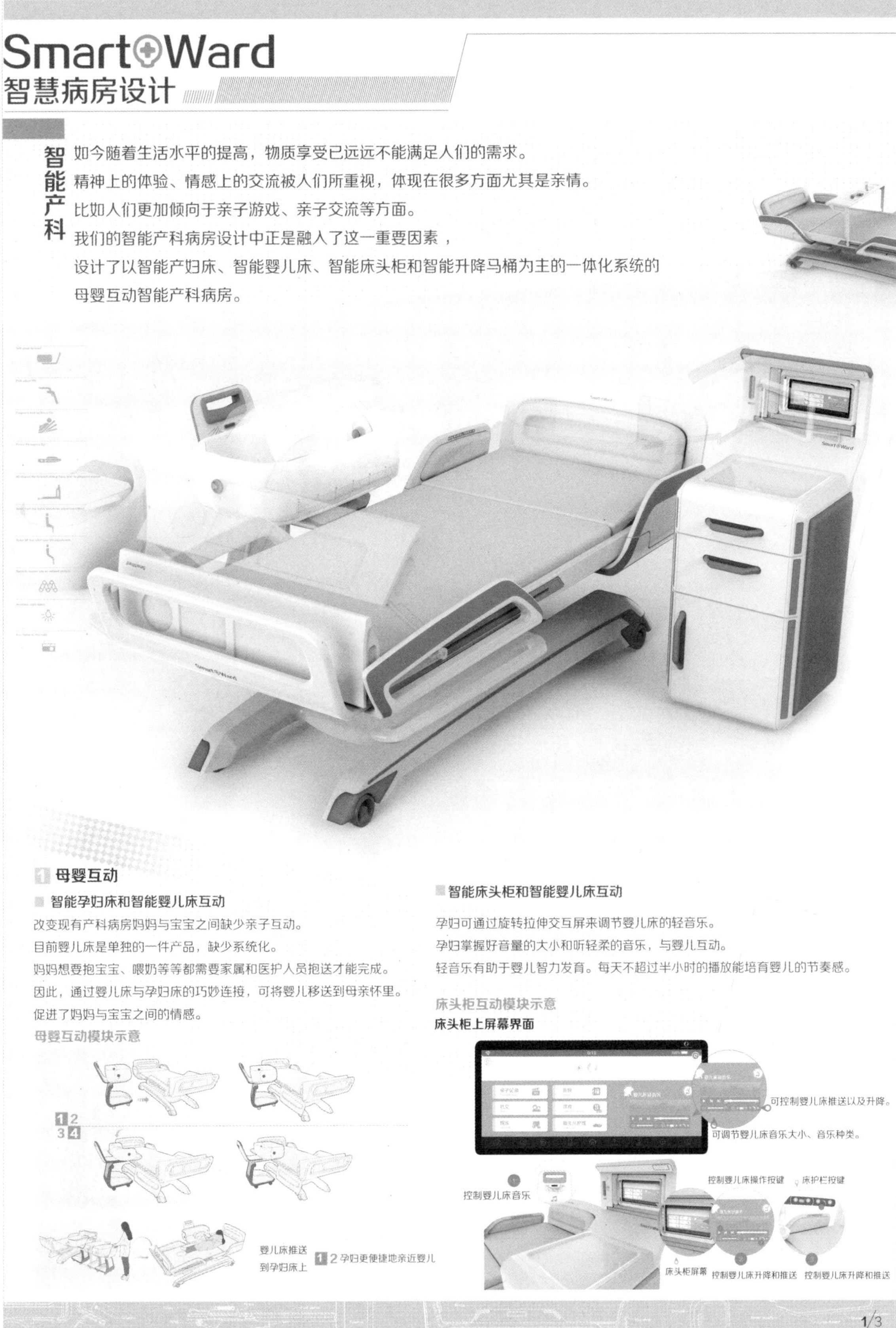

Smart Ward
智慧病房设计
智能产科
如今随着生活水平的提高，物质享受已远远不能满足人们的需求。
精神上的体验、情感上的交流被人们所重视，体现在很多方面尤其是亲情。
比如人们更加倾向于亲子游戏、亲子交流等方面。
我们的智能产科病房设计中正是融入了这一重要因素，
设计了以智能产妇床、智能婴儿床、智能床头柜和智能升降马桶为主的一体化系统的
母婴互动智能产科病房。
1 母婴互动
智能孕妇床和智能婴儿床互动
改变现有产科病房妈妈与宝宝之间缺少亲子互动。
目前婴儿床是单独的一件产品，缺少系统化。
妈妈想要抱宝宝、喂奶等等都需要家属和医护人员抱送才能完成。
因此，通过婴儿床与孕妇床的巧妙连接，可将婴儿移送到母亲怀里。
促进了妈妈与宝宝之间的情感。
母婴互动模块示意
1 2
3 4
婴儿床推送
到孕妇床上
1 2 孕妇更便捷地亲近婴儿
智能床头柜和智能婴儿床互动
孕妇可通过旋转拉伸交互屏来调节婴儿床的轻音乐。
孕妇掌握好音量的大小和听轻柔的音乐，与婴儿互动。
轻音乐有助于婴儿智力发育。每天不超过半小时的播放能培育婴儿的节奏感。
床头柜互动模块示意
床头柜上屏幕界面
可控制婴儿床推送以及升降。
可调节婴儿床音乐大小、音乐种类。
控制婴儿床音乐
控制婴儿床操作按键
床护栏按键
床头柜屏幕
控制婴儿床升降和推送
控制婴儿床升降和推送
1/3

作者：俞凯　王飞飞　王雪　指导老师：何晓佑　王倩

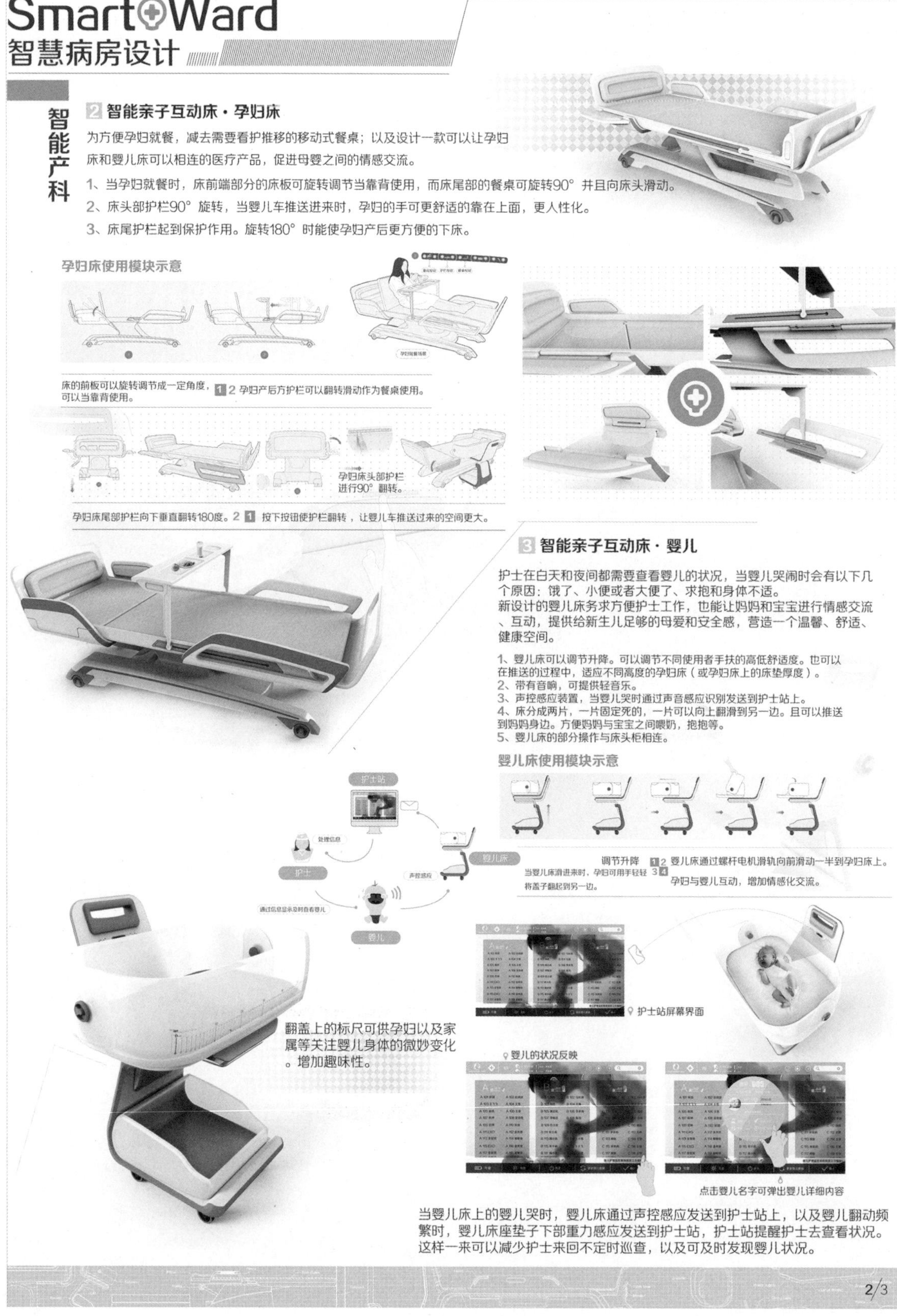

SmartWard
智慧病房设计
智能产科
2 智能亲子互动床·孕妇床
为方便孕妇就餐，减去需要看护推移的移动式餐桌；以及设计一款可以让孕妇床和婴儿床可以相连的医疗产品，促进母婴之间的情感交流。
1、当孕妇就餐时，床前端部分的床板可旋转调节当靠背使用，而床尾部的餐桌可旋转90° 并且向床头滑动。
2、床头部护栏90° 旋转，当婴儿车推送进来时，孕妇的手可更舒适的靠在上面，更人性化。
3、床尾护栏起到保护作用。旋转180° 时能使孕妇产后更方便的下床。
孕妇床使用模块示意
床的前板可以旋转调节成一定角度，可以当靠背使用。
1 2 孕妇产后方护栏可以翻转滑动作为餐桌使用。
孕妇床头部护栏进行90° 翻转。
孕妇床尾部护栏向下垂直翻转180度。2 1 按下按钮便护栏翻转，让婴儿车推送过来的空间更大。
3 智能亲子互动床·婴儿
护士在白天和夜间都需要查看婴儿的状况，当婴儿哭闹时会有以下几个原因：饿了、小便或者大便了、求抱和身体不适。
新设计的婴儿床务求方便护士工作，也能让妈妈和宝宝进行情感交流、互动，提供给新生儿足够的母爱和安全感，营造一个温馨、舒适、健康空间。
1、婴儿床可以调节升降。可以调节不同使用者手扶的高低舒适度。也可以在推送的过程中，适应不同高度的孕妇床（或孕妇床上的床垫厚度）。
2、带有音响，可提供轻音乐。
3、声控感应装置，当婴儿哭时通过声音感应识别发送到护士站上。
4、床分成两片，一片固定死的，一片可以向上翻滑到另一边。且可以推送到妈妈身边。方便妈妈与宝宝之间喂奶，抱抱等。
5、婴儿床的部分操作与床头柜相连。
婴儿床使用模块示意
护士站
护士
婴儿床
婴儿
声控感应
调节升降
1 2 婴儿床通过螺杆电机滑轨向前滑动一半到孕妇床上。
当婴儿床滑进来时，孕妇可用手轻轻将盖子翻起到另一边。
3 4 孕妇与婴儿互动，增加情感化交流。
护士站屏幕界面
婴儿的状况反映
点击婴儿名字可弹出婴儿详细内容
翻盖上的标尺可供孕妇以及家属等关注婴儿身体的微妙变化。增加趣味性。
当婴儿床上的婴儿哭时，婴儿床通过声控感应发送到护士站上，以及婴儿翻动频繁时，婴儿床座垫子下部重力感应发送到护士站，护士站提醒护士去查看状况。这样一来可以减少护士来回不定时巡查，以及可及时发现婴儿状况。
2/3

作者：俞凯　王飞飞　王雪　指导老师：何晓佑　王倩

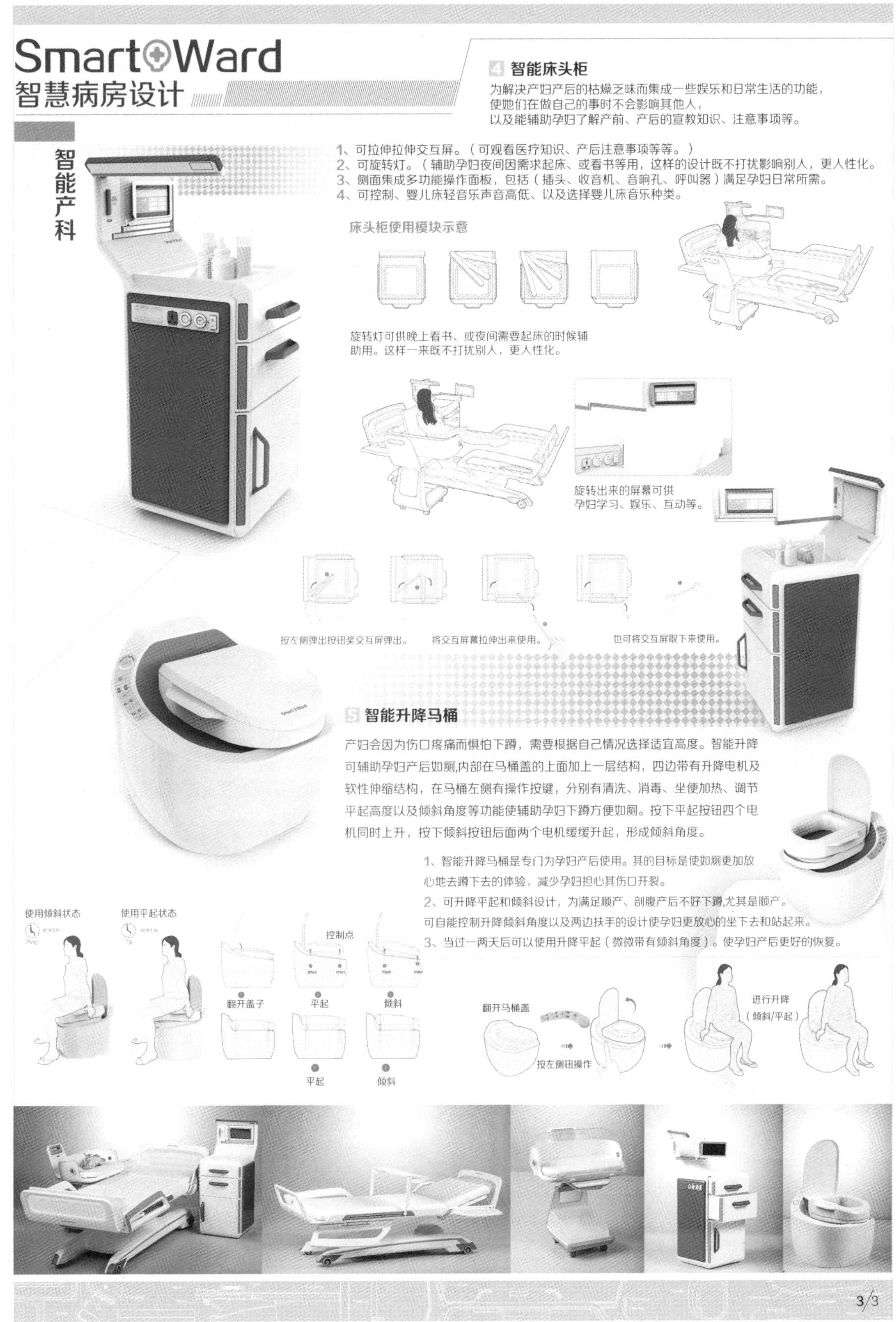

Smart Ward
智慧病房设计
智能产科
4 智能床头柜
为解决产妇产后的枯燥乏味而集成一些娱乐和日常生活的功能，
使她们在做自己的事时不会影响其他人，
以及能辅助孕妇了解产前、产后的宣教知识、注意事项等。
1、可拉伸拉伸交互屏。（可观看医疗知识、产后注意事项等等。）
2、可旋转灯。（辅助孕妇夜间因需求起床、或看书等用，这样的设计既不打扰影响别人，更人性化。
3、侧面集成多功能操作面板，包括（插头、收音机、音响孔、呼叫器）满足孕妇日常所需。
4、可控制、婴儿床轻音乐声音高低、以及选择婴儿床音乐种类。
床头柜使用模块示意
旋转灯可供晚上看书、或夜间需要起床的时候辅
助用。这样一来既不打扰别人，更人性化。
旋转出来的屏幕可供
孕妇学习、娱乐、互动等。
按左侧弹出按钮exit交互屏弹出。
将交互屏幕拉伸出来使用。
也可将交互屏取下来使用。
5 智能升降马桶
产妇会因为伤口疼痛而惧怕下蹲，需要根据自己情况选择适宜高度。智能升降
可辅助孕妇产后如厕,内部在马桶盖的上面加上一层结构，四边带有升降电机及
软性伸缩结构，在马桶左侧有操作按键，分别有清洗、消毒、坐便加热、调节
平起高度以及倾斜角度等功能使辅助孕妇下蹲方便如厕。按下平起按钮四个电
机同时上升，按下倾斜按钮后面两个电机缓缓升起，形成倾斜角度。
1、智能升降马桶是专门为孕妇产后使用。其的目标是使如厕更加放
心地去蹲下去的体验，减少孕妇担心其伤口开裂。
2、可升降平起和倾斜设计，为满足顺产、剖腹产后不好下蹲,尤其是顺产。
可自能控制升降倾斜角度以及两边扶手的设计使孕妇更放心的坐下去和站起来。
3、当过一两天后可以使用升降平起（微微带有倾斜角度）。使孕妇产后更好的恢复。
使用倾斜状态
使用平起状态
控制点
翻开盖子
平起
倾斜
平起
倾斜
翻开马桶盖
按左侧钮操作
进行升降
（倾斜/平起）
3/3

作者：俞凯　王飞飞　王雪　指导老师：何晓佑　王倩

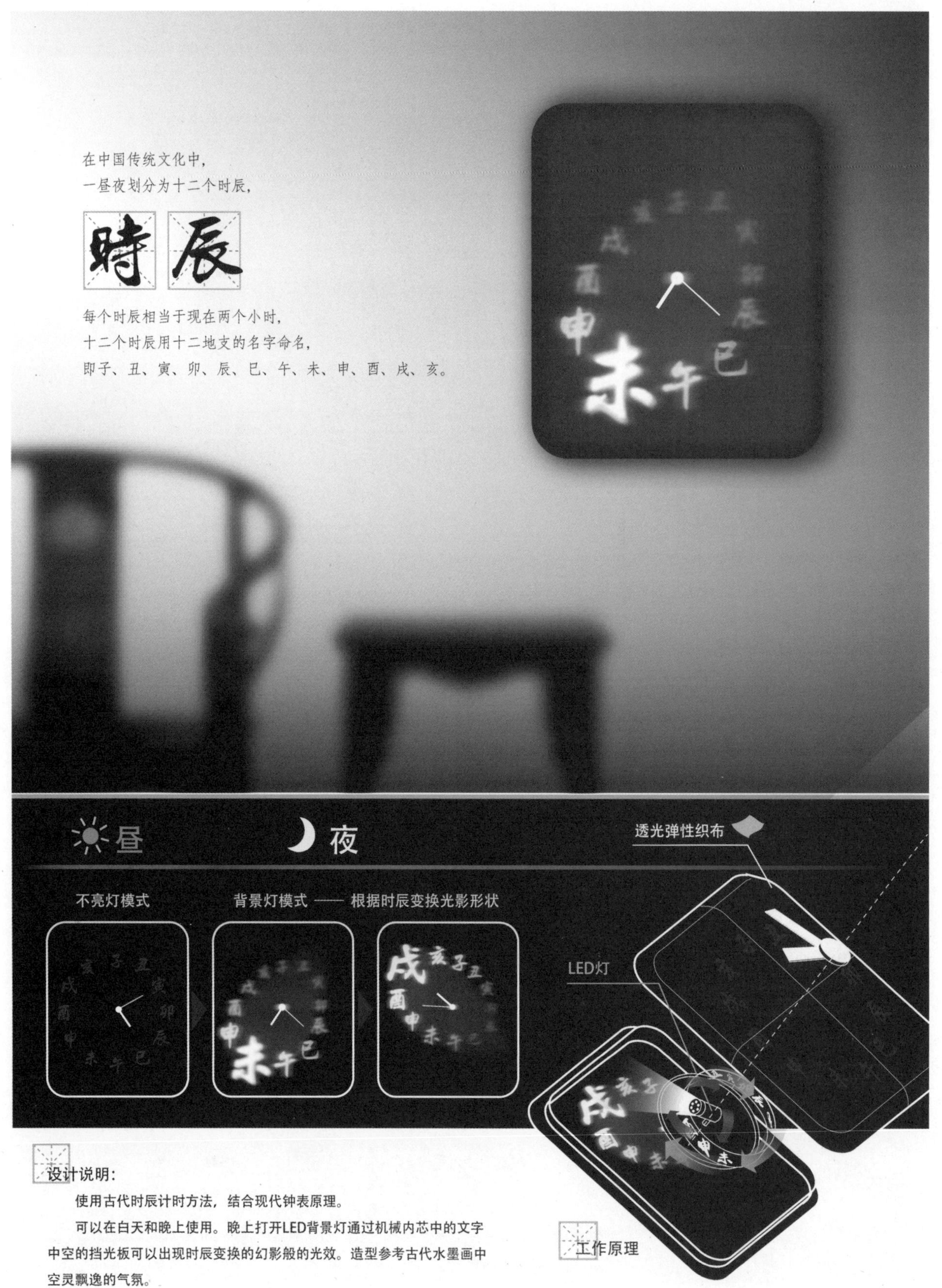

在中国传统文化中，
一昼夜划分为十二个时辰，
時辰
每个时辰相当于现在两个小时，
十二个时辰用十二地支的名字命名，
即子、丑、寅、卯、辰、巳、午、未、申、酉、戌、亥。
昼
夜
不亮灯模式
背景灯模式 —— 根据时辰变换光影形状
透光弹性织布
LED灯
工作原理

设计说明：

使用古代时辰计时方法，结合现代钟表原理。

可以在白天和晚上使用。晚上打开LED背景灯通过机械内芯中的文字中空的挡光板可以出现时辰变换的幻影般的光效。造型参考古代水墨画中空灵飘逸的气氛。

作者：王倩

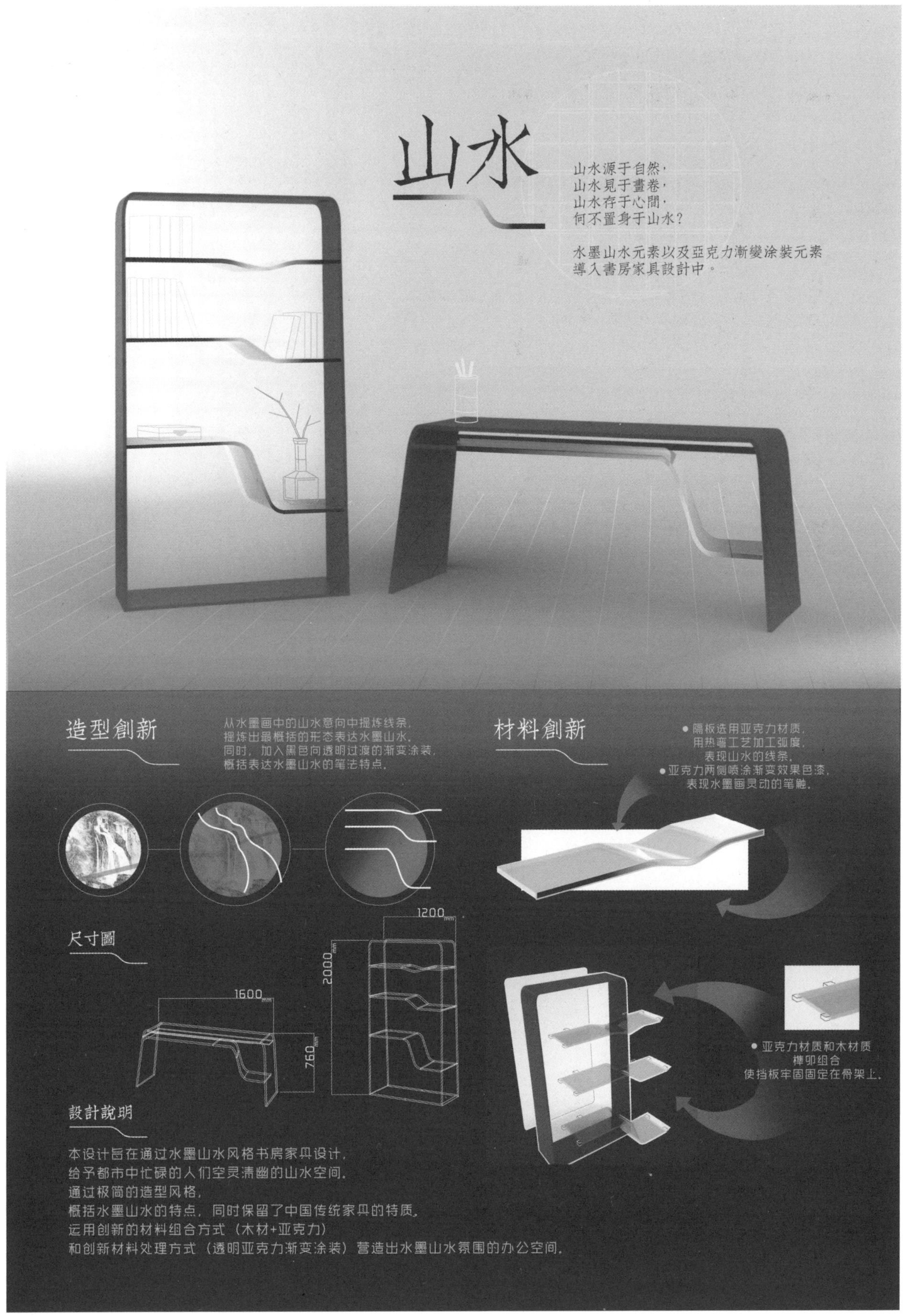
山水
山水源于自然，
山水見于畫卷，
山水存于心間，
何不置身于山水？
水墨山水元素以及亞克力漸變涂裝元素
導入書房家具設計中。
造型創新
从水墨画中的山水意向中提炼线条，
提炼出最概括的形态表达水墨山水，
同时，加入黑色向透明过渡的渐变涂装，
概括表达水墨山水的笔法特点。
材料創新
● 隔板选用亚克力材质，
用热弯工艺加工弧度，
表现山水的线条。
● 亚克力两侧喷涂渐变效果色漆，
表现水墨画灵动的笔触。
尺寸圖
1200
2000
1600
760
● 亚克力材质和木材质
榫卯组合
使挡板牢固固定在骨架上。
設計說明
本设计旨在通过水墨山水风格书房家具设计，
给予都市中忙碌的人们空灵清幽的山水空间，
通过极简的造型风格，
概括水墨山水的特点，同时保留了中国传统家具的特质，
运用创新的材料组合方式（木材+亚克力）
和创新材料处理方式（透明亚克力渐变涂装）营造出水墨山水氛围的办公空间。

作者：王倩

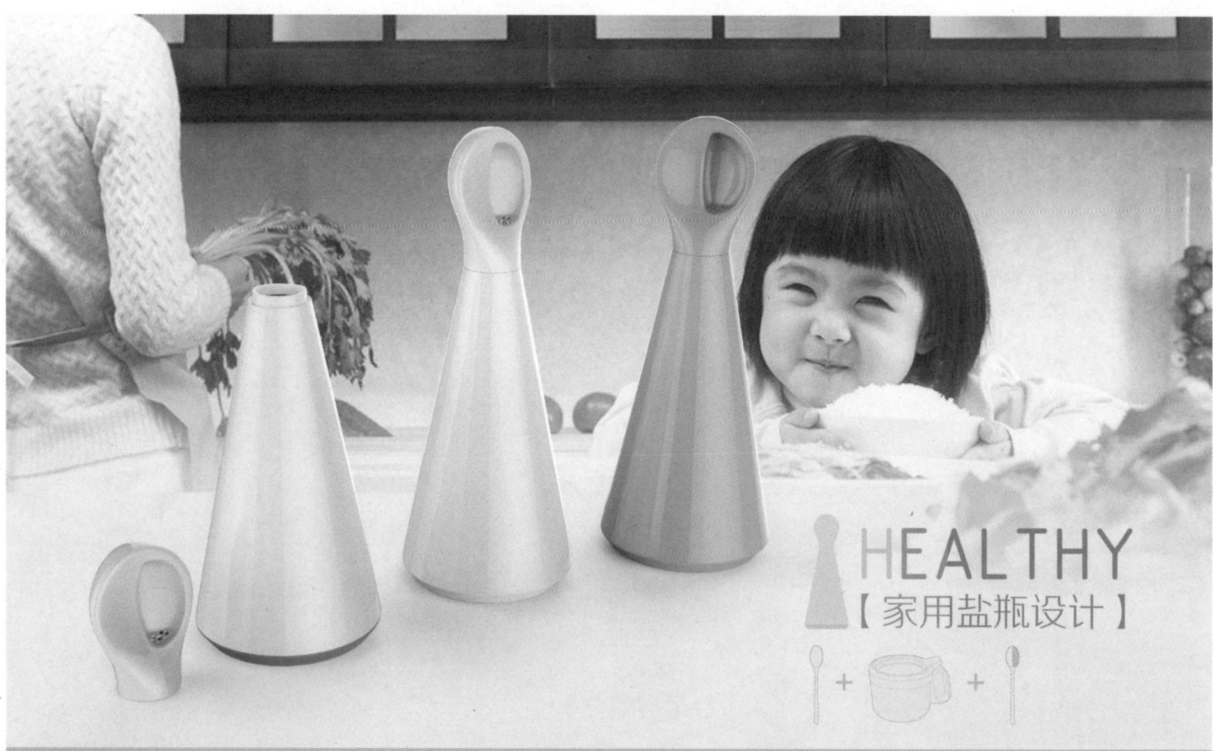

设计说明

我们大多数人都知道自己食用盐超标，但是怎么控制这个量却没有一个清晰的概念。因为摄入盐过量而带来的慢性病患者逐渐增多，也将控制食盐用量问题摆在了我们的面前。**HEALTHY**将盐瓶和调味勺结合在一起，并且将前端勺子的形状设计成一半是空的，一半是实体的。瓶身内可装入盐。当使用时将其拿起通过前端出口倒出少量的盐。其可控制盐量的大小。

Most of us know that we are eating exceed the standard salt, But how to control this amount does not have a clear concept. Patients with chronic diseases caused by excessive take in salt. It also reminds us to control the amount of salt problem. HEALTHY combine salt cellar with seasoning spoon . It can control the amount of salt.

☹ Before

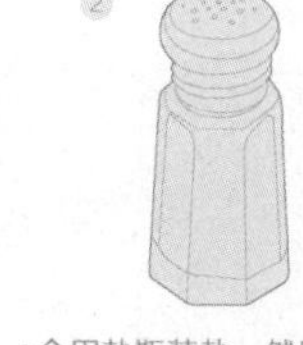

·会用盐罐装盐，然后用勺子勺盐。既麻烦又不好控制盐量。

With the salt, and then use a spoon of salt spoon. This way is both trouble and not good control of the amount of salt.

·会用盐瓶装盐，然后从顶端撒出来，虽然方便但控制不好盐量。

With salt bottle put salt, and then thrown out from the top, It is convenient but not control the amount of salt.

☺ Now

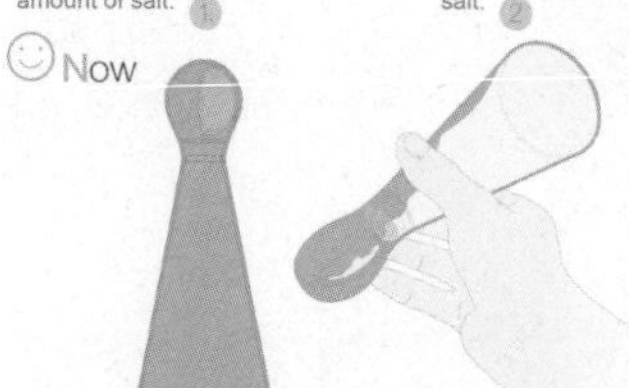

·将勺子和盐瓶相结合，并且通过将顶端设计成一半实心，一半空心，使其在控制盐量的同时倒入锅中。

It combine spoon with salt bottle,
The top of spoon is designed half solid, half hollow that controls the amount of salt in the pot.

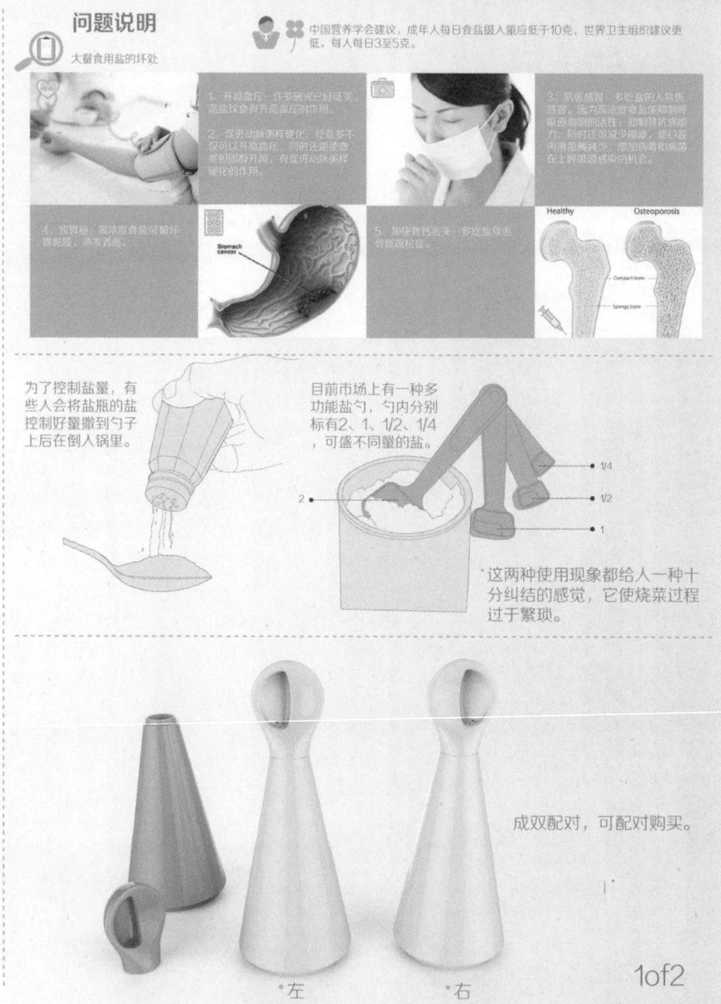

问题说明
大量食用盐的坏处
中国营养学会建议，成年人每日食盐摄入量应低于10克，世界卫生组织建议更低，每人每日3至5克。
1. 升高血压：许多研究已经证实，高盐饮食有升高血压的作用。
2. 促进动脉粥样硬化：吃盐多不仅可以升高血压，同时还能使血浆胆固醇升高，有促进动脉粥样硬化的作用。
4. 致胃癌：高浓度食盐可破坏胃黏膜，诱发胃癌。
Stomach cancer
5. 加快骨钙丢失：多吃盐易患骨质疏松症。
Healthy
Osteoporosis
Compact bone
Spongy bone
为了控制盐量，有些人会将盐瓶的盐控制好量撒到勺子上后在倒入锅里。
目前市场上有一种多功能盐勺，勺内分别标有2、1、1/2、1/4，可盛不同量的盐。
1/4
1/2
1
2
·这两种使用现象都给人一种十分纠结的感觉，它使烧菜过程过于繁琐。
成双配对，可配对购买。
·左
·右
1of2

作者：俞凯

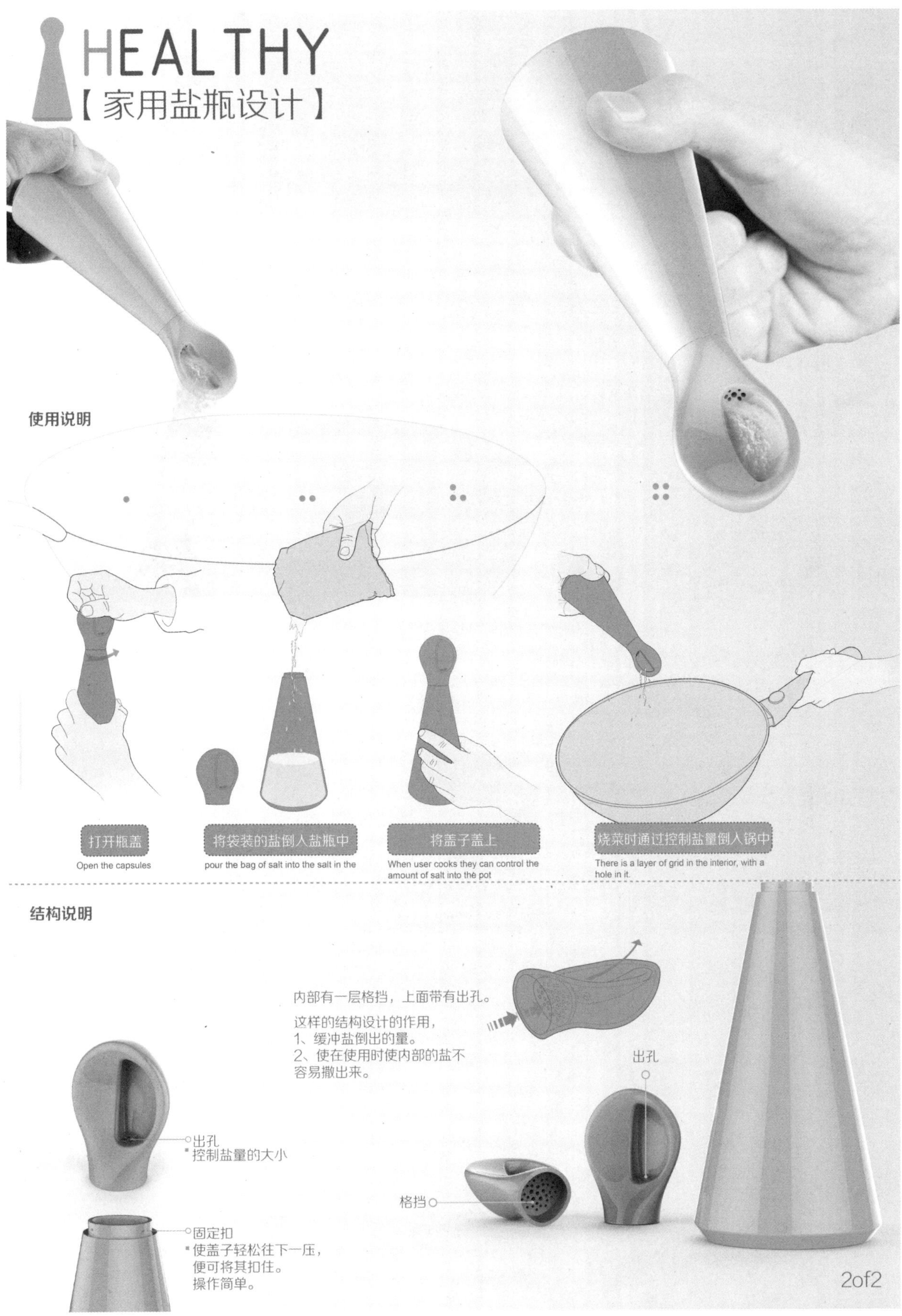
HEALTHY
【家用盐瓶设计】
使用说明
打开瓶盖
Open the capsules
将袋装的盐倒入盐瓶中
pour the bag of salt into the salt in the
将盖子盖上
When user cooks they can control the amount of salt into the pot
烧菜时通过控制盐量倒入锅中
There is a layer of grid in the interior, with a hole in it.
结构说明
内部有一层格挡，上面带有出孔。
这样的结构设计的作用，
1、缓冲盐倒出的量。
2、使在使用时使内部的盐不容易撒出来。
出孔
出孔
控制盐量的大小
格挡
固定扣
使盖子轻松往下一压，
便可将其扣住。
操作简单。
2of2

作者：俞凯

SOLVING CONCEPT | 解决概念

改变奶瓶的结构与使用方式，使父母不必为带宝宝外出而需要准备携带各种奶瓶而烦恼。既方便携带，又方便使用。

Changing the structure and use of the bottle, Parents do not worry that they need to go out with the baby and need to prepare to carry a variety of bottle. Easy to carry, and easy to use

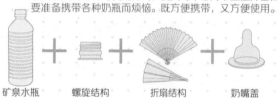

矿泉水瓶 bottles + 螺旋结构 Spiral structure + 折扇结构 Folding fan + 奶嘴盖 The nipple cover

☺ 带宝宝外出只需要带上便携折叠奶瓶盖就相当于带了一堆奶瓶。

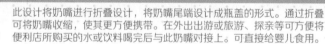

Take your baby out with a portable folding milk bottle which Is equivalent to a pile of bottles.

此设计将奶嘴进行折叠设计，将奶嘴尾端设计成瓶盖的形式。通过折叠可将奶嘴收缩，使其更方便携带。在外出出游或旅游、探亲等可方便将便利店所购买的水或饮料喝完后与此奶嘴对接上。可直接给婴儿食用。

这样一来既减少了父母需要携带过多的奶瓶的困扰，外出只需要携带便携折叠奶嘴盖即可，当需要使用时可以将其拿出来，将其展开来给婴儿使用。

This design will make the nipple folding design, The end of nipple is designed in the form of capsules. By folding the nipple contraction, it is more convenient to carry. It is convenient that water or beverage bottles and pacifiers re-attached with nipple that can be used directly to the baby.

As a way to reduce the trouble that many parents need to carry too many bottles .They only need to carry out with portable folding nipple cover. When you need to use it, you can take it out and spread it to the baby.

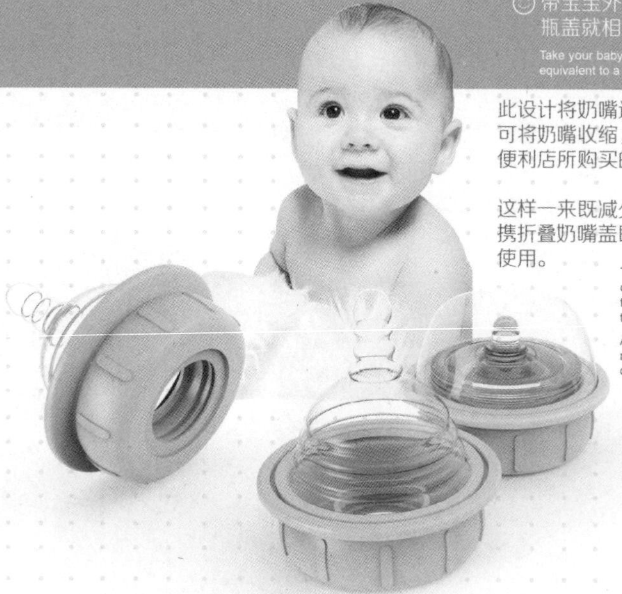

1of2

作者：俞凯

BIANX
Folding nipple milk cap
【便携折叠奶嘴盖】

将购买的饮料瓶盖打开，可方便替换上便携折叠奶嘴盖。

User need to open the beverage bottle, which can be easily replaced on the portable folding nipple cover.

作者：俞凯

【使用说明】

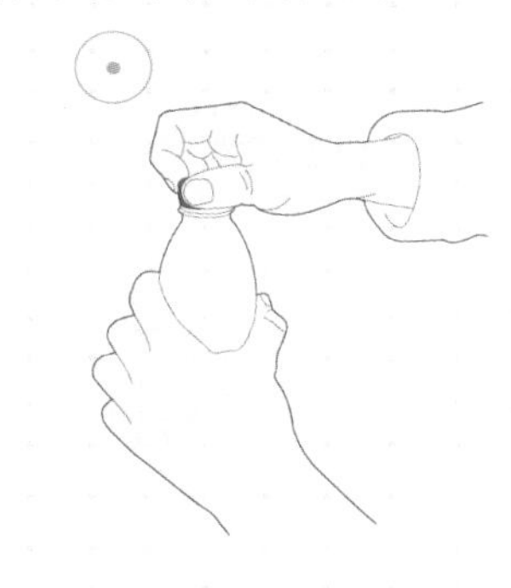

将喝完的款泉水瓶盖拧开

Open the bottle of mineral water drinking cover

将奶粉倒入库矿泉水瓶中

Pour milk powder into the water bottle

将便携折叠奶瓶盖盖上去

Cover with portable folding capsules.

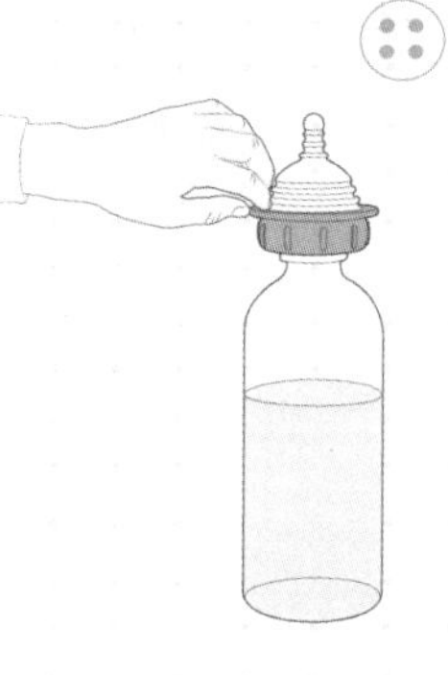

拧紧后即可喂宝宝吃

It can feed the baby to eat after tightening

【结构说明】

收纳起来时用手往下压

Using hand to press down to receive

螺旋结构

Spiral structure

2of2

作者：俞凯

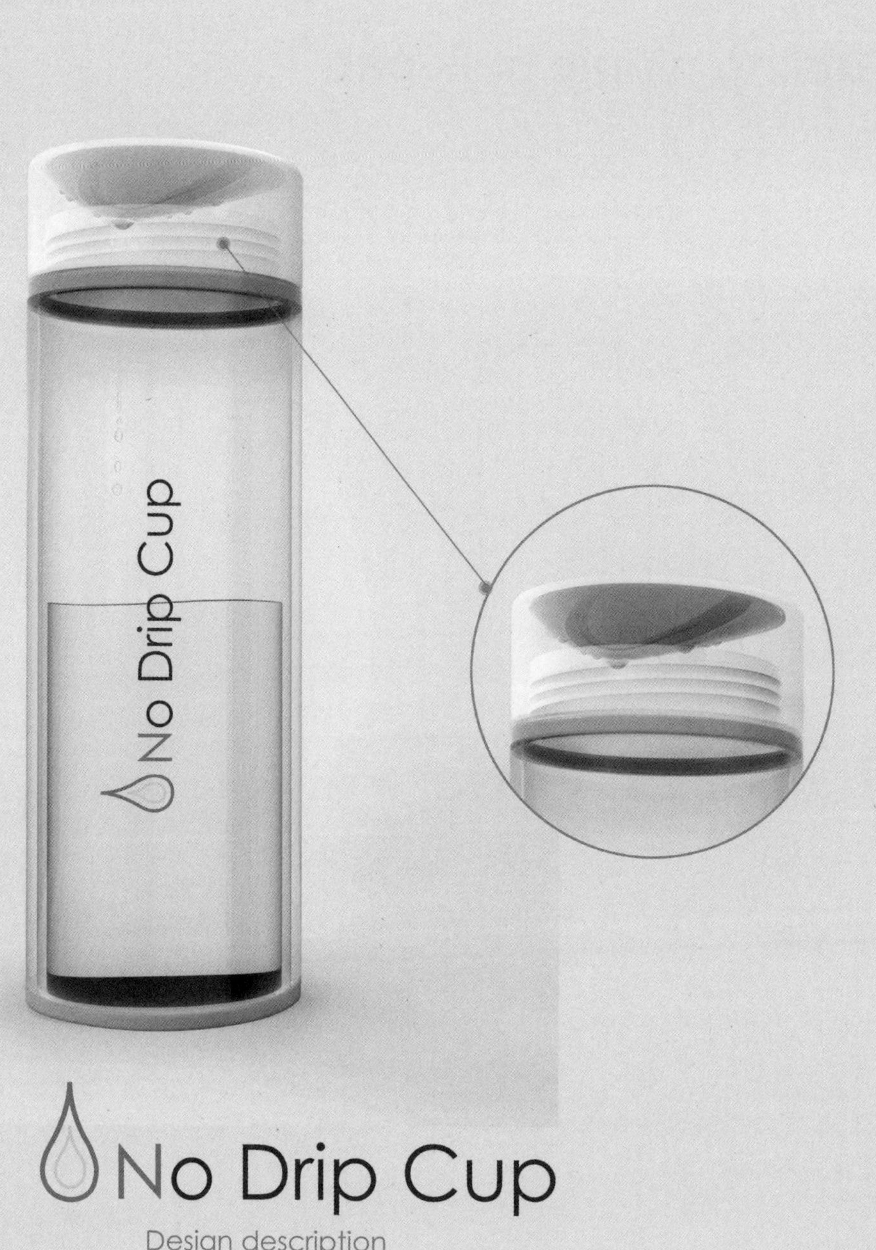

No Drip Cup

Design description

Steams congeal on the bowl cover after the cup held hot water, then, when you reopen the cup,steams collect together and flow all of your hands.It's really embarrassed.No Drip Cup makes steams circulate in cups by change the structure of bowl cover,and use the simplest construction to fix that problem.

防滴漏杯

水杯盛过热水后，会有水蒸气结成水珠凝结在盖子上。
打开盖子喝水时，盖子上的水滴积在一起汇成大水珠，滴到手上或者滴到桌子上，造成了极大的不便。
No Drip cup通过改变盖子内部的形状，使结成的水滴在水杯内就可以滴回杯中。
用最简单的结构解决了这个问题。

1 of 2

作者：俞凯

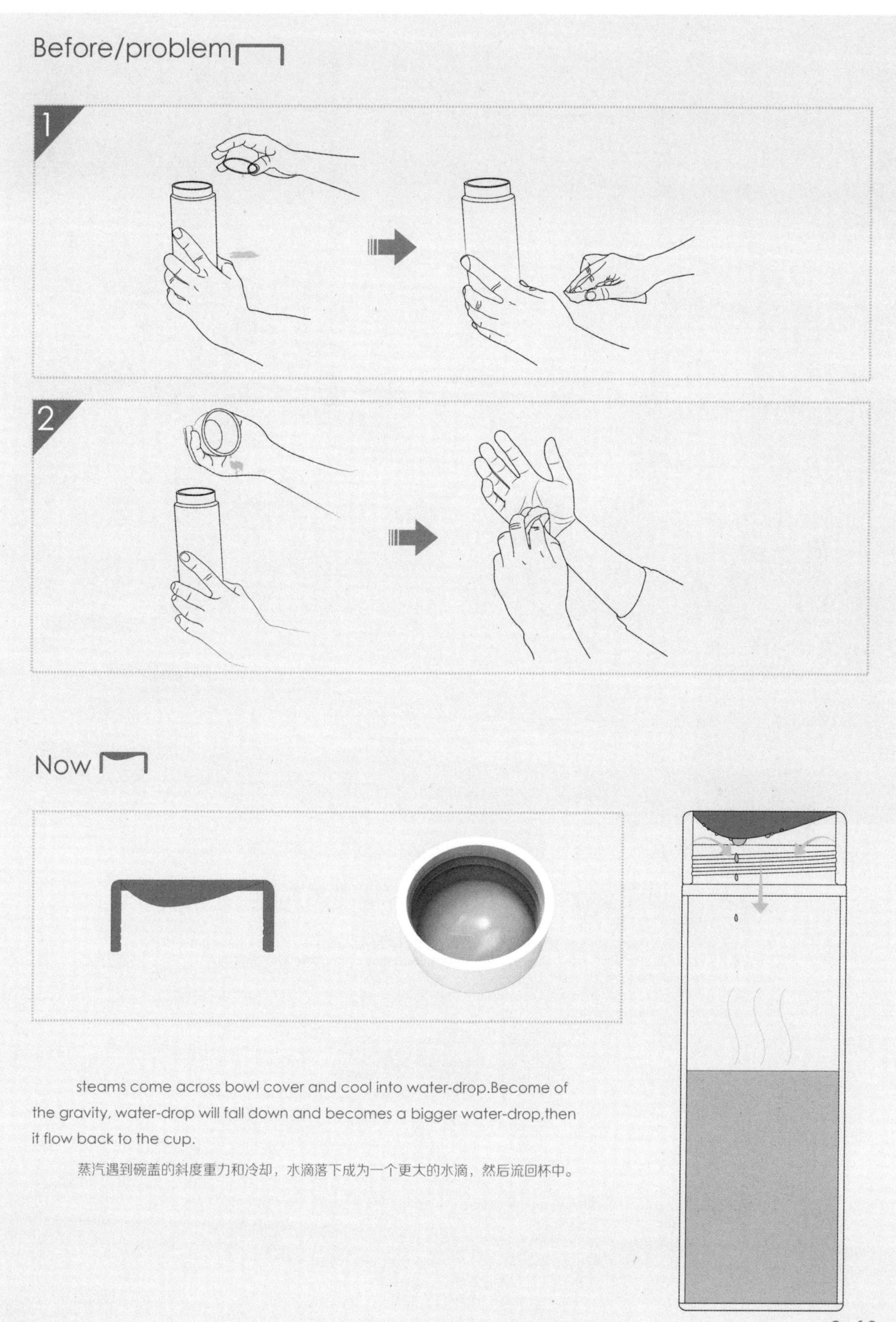

steams come across bowl cover and cool into water-drop.Become of the gravity, water-drop will fall down and becomes a bigger water-drop,then it flow back to the cup.

蒸汽遇到碗盖的斜度重力和冷却，水滴落下成为一个更大的水滴，然后流回杯中。

原理图　　2 of 2

作者：俞凯

JUST TEAR THE
ANYWHERE

Toilet paper design

一些KTV、酒店、公司的公共卫生间里的马桶会带有很多细菌，很不卫生。许多人会用纸巾插干净后才敢上。

因此，将它进行改良设计，灵感来源于撕纸，当人们去上厕所，可以直接将表面的纸撕起，在坐 上去。下一个人用时可再撕掉表面纸，以此循环使用。这样一来，既干净卫生，又解决了平时表面脏需要用纸擦，浪费卫生纸的问题。

It is reasonable to point out that people are clinged to make the commode clean by toilet paper before using it when they are faced with some **public circumstances** such as **hotels,companys, KTV** whose sanitation are not reliable.

Thus,we refined it to be a recycled **toilet paper** which can be easily torn from the seat.sustainablity is what we want to emphasize here.

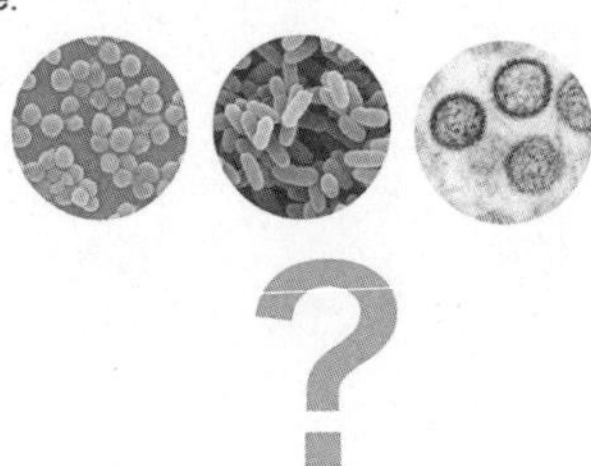

?

Will you seat directly on the commode in public toilets without doing anything?

公共厕所的马桶，你会直接坐上去吗？

Are you clear about how **dirty the public toilet is**?

公共坐便的脏程度你清楚吗？

Do you have a habit of cleaning the toilet before using it.

你是否有过上公共坐便时会用纸先擦一遍的习惯

1of2

作者：俞凯

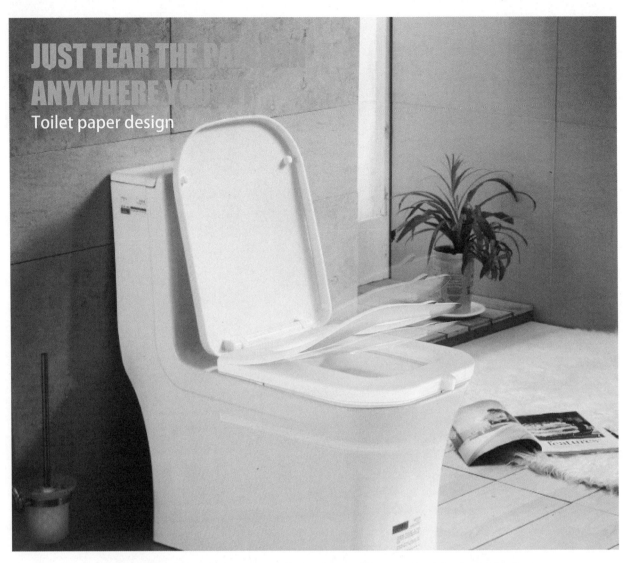

JUST TEAR THE PAPER IN ANYWHERE YOU SIT

Toilet paper design

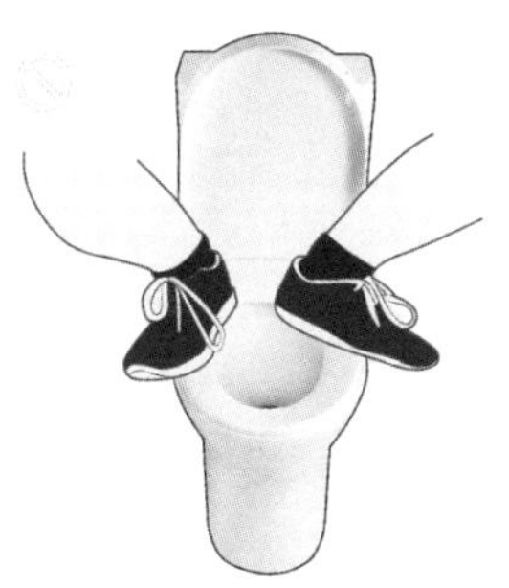

What's he doing?

● 双脚踩在马桶上当蹲坑用

Stepping on the toilet

许多人对公共坐便因为脏，直接一脚踩上去。这样一来既会将马桶踩裂，又有可能受伤、缝针。

Many people tend to step on the toilet just for being afraid of getting dirty while in that case, there will be a higher possibility of being injured.

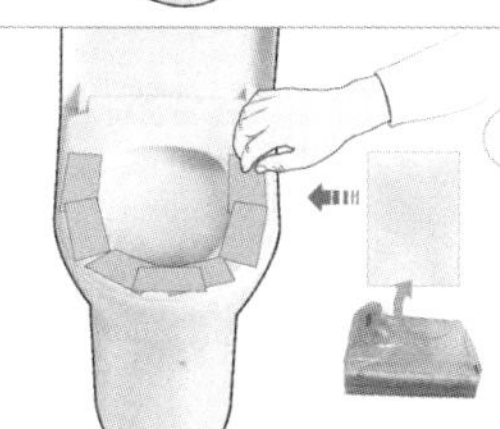

●● 用卫生纸平铺在马桶垫上

Attach paper on the toilet

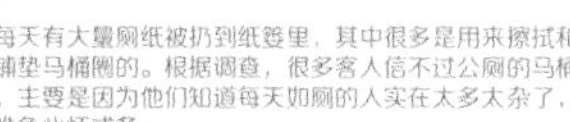

每天有大量厕纸被扔到纸篓里，其中很多是用来擦拭和铺垫马桶圈的。根据调查，很多客人信不过公厕的马桶，主要是因为他们知道每天如厕的人实在太多太杂了，难免心怀戒备。

Losts of papers are abandoned every day which are used for cleaning toilets.It is said that many people are worried about the contamination of toilets which ought to be responsible for the phenomenon.

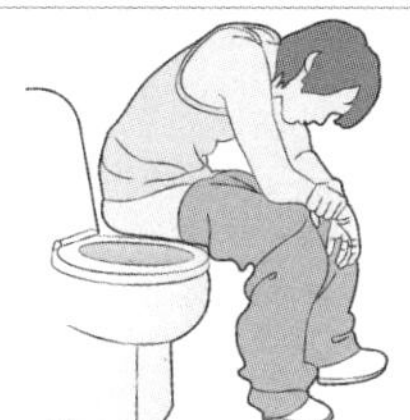

●●● 使劲欠身、扎稳马步、悬空“方便”。

keep body away from the toilet

在公共厕所使用马桶的时候，许多人会两腿支撑着方便，尤其女性，不敢让皮肤接触到马桶上。”
两脚开立“扎马步”式，就像练功扎马步一样。这种方式小便时可能并不吃力，但如果是较长时间的大便，轻者可能会憋得面红耳赤大汗淋漓腰酸背痛，重者则可能两腿麻木当场摔倒。

It is really arduous to do that which can bring some problems to people's body health

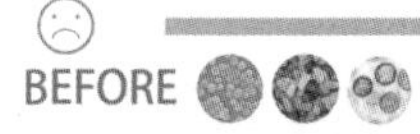

BEFORE

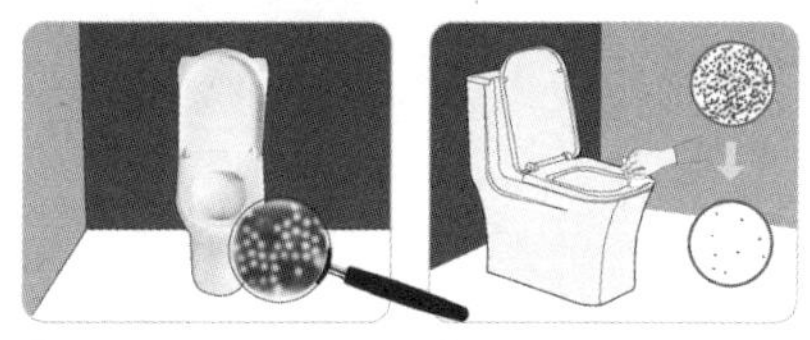

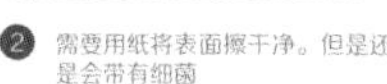

1 坐便表面有很多细菌，且很脏
dirty and bacterium left.

2 需要用纸将表面擦干净。但是还是会带有细菌
you need to tidy the surface but there still will be bacterium left.

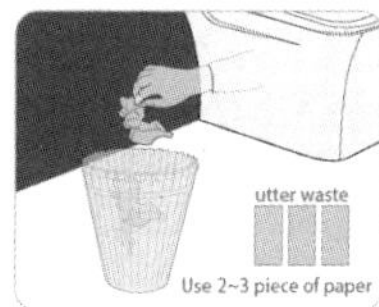
utter waste
Use 2~3 piece of paper

多用2~3张纸

3 需要多带卫生纸。以备擦坐便用。这样一来，十分浪费卫生纸
you need to take more paper with yourself for cleaning which is not environment-friendly.

NOW

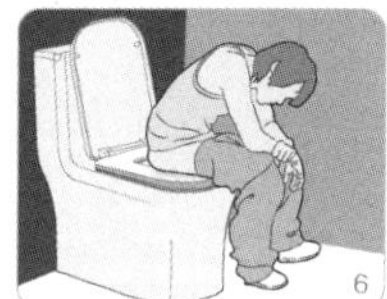

5 直接将表面的纸撕起 raise the paper directly

6 放心地坐在坐便上 sit on without any anxiousness

STRUCTURE

HOW TO USE

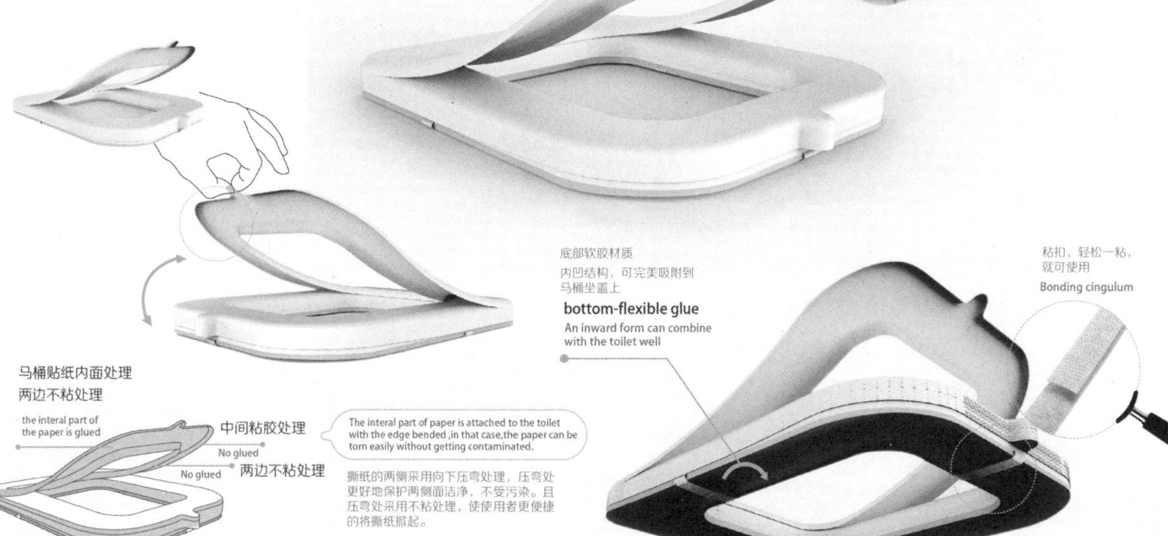
底部软胶材质
内凹结构，可完美吸附到马桶坐盖上
bottom-flexible glue
An inward form can combine with the toilet well
粘扣，轻松一粘，就可使用
Bonding cingulum
马桶贴纸内面处理
两边不粘处理
the interal part of the paper is glued
中间粘胶处理
No glued
No glued
两边不粘处理
The interal part of paper is attached to the toilet with the edge bended ,in that case,the paper can be torn easily without getting contaminated.
撕纸的两侧采用向下压弯处理，压弯处更好地保护两侧面洁净，不受污染。且压弯处采用不粘处理，使使用者更便捷的将撕纸掀起。

2of2

作者：俞凯

设计说明：

这是一款带动儿童脑力开发的迷宫游戏凳子，将迷宫的零件分割成长方形，直角形两种小模块，且带有磁性。与凳坐面内部的磁面相吸。

儿童可通过随意拼组成不同的迷宫形状，家长也可通过构思设计难度来提高迷宫的趣味性。儿童通过手摇动凳子，让凳子坐面内的小球通过思考移动到达终点。

This is a maze game chair which can promote children's mental development, The parts of the maze is splited into rectangles and Right angle which is magnetic. The magnetic surface magnet a stool surface internal phase.

将迷宫设置成可自由组合性
Set the maze to a free combination.

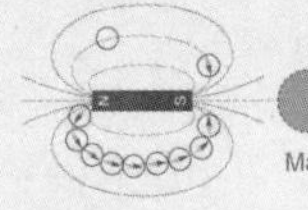

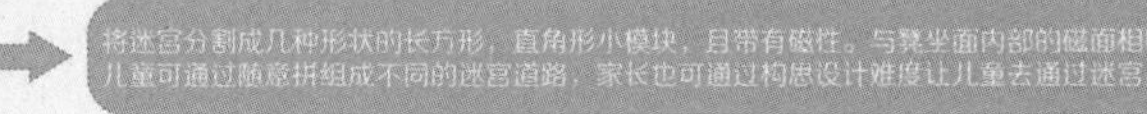

将迷宫分割成几种形状的长方形，直角形小模块，且带有磁性。与凳坐面内部的磁面相吸。
儿童可通过随意拼组成不同的迷宫道路，家长也可通过构思设计难度让儿童去通过迷宫。

The parts of the maze is splited into rectangles and Right angle which is magnetic. The magnetic surface magnet a stool surface internal phase.

★ 通过手摇动的方式让小球通过迷宫到达最终终点。

Children can be free to fight the maze of different roads.Through Parents design the difficulty of the game the children can play the maze.

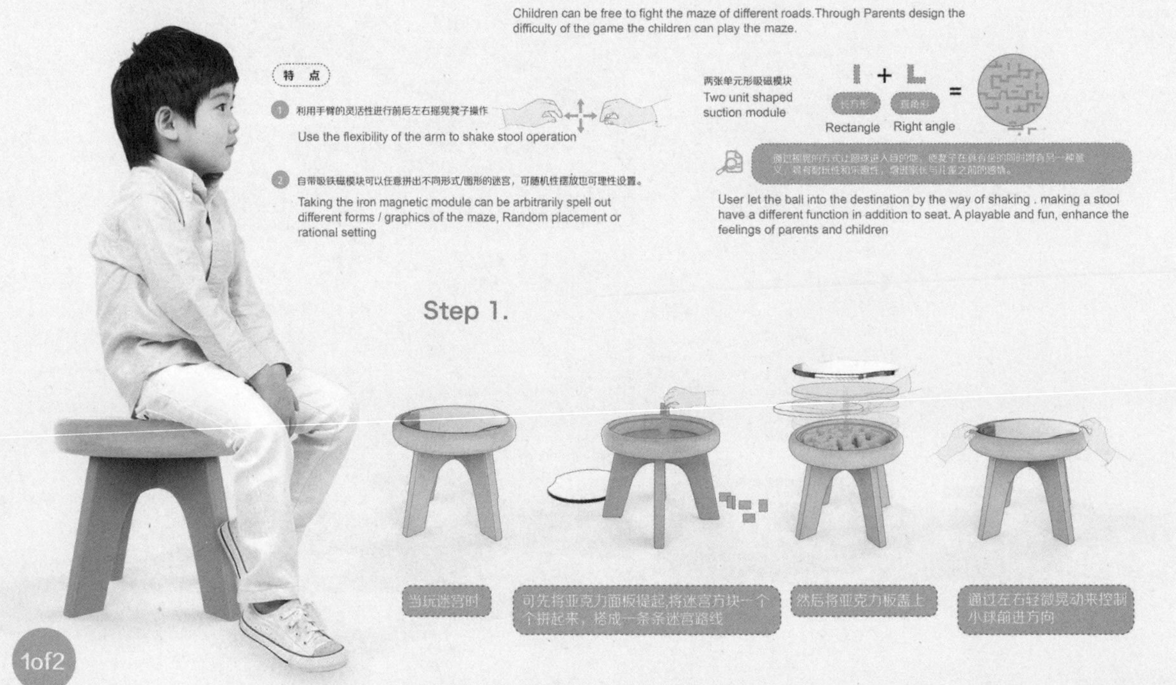

特 点
1 利用手臂的灵活性进行前后左右摇晃凳子操作
Use the flexibility of the arm to shake stool operation
2 自带吸铁磁模块可以任意拼出不同形式/图形的迷宫，可随机性摆放也可理性设置。
Taking the iron magnetic module can be arbitrarily spell out different forms / graphics of the maze, Random placement or rational setting
两张单元形吸磁模块
Two unit shaped suction module
Rectangle
Right angle
User let the ball into the destination by the way of shaking . making a stool have a different function in addition to seat. A playable and fun, enhance the feelings of parents and children
Step 1.
当玩迷宫时
可先将亚克力面板提起,将迷宫方块一个个拼起来，搭成一条条迷宫路线
然后将亚克力板盖上
通过左右轻微晃动来控制小球前进方向
1of2

作者：俞凯

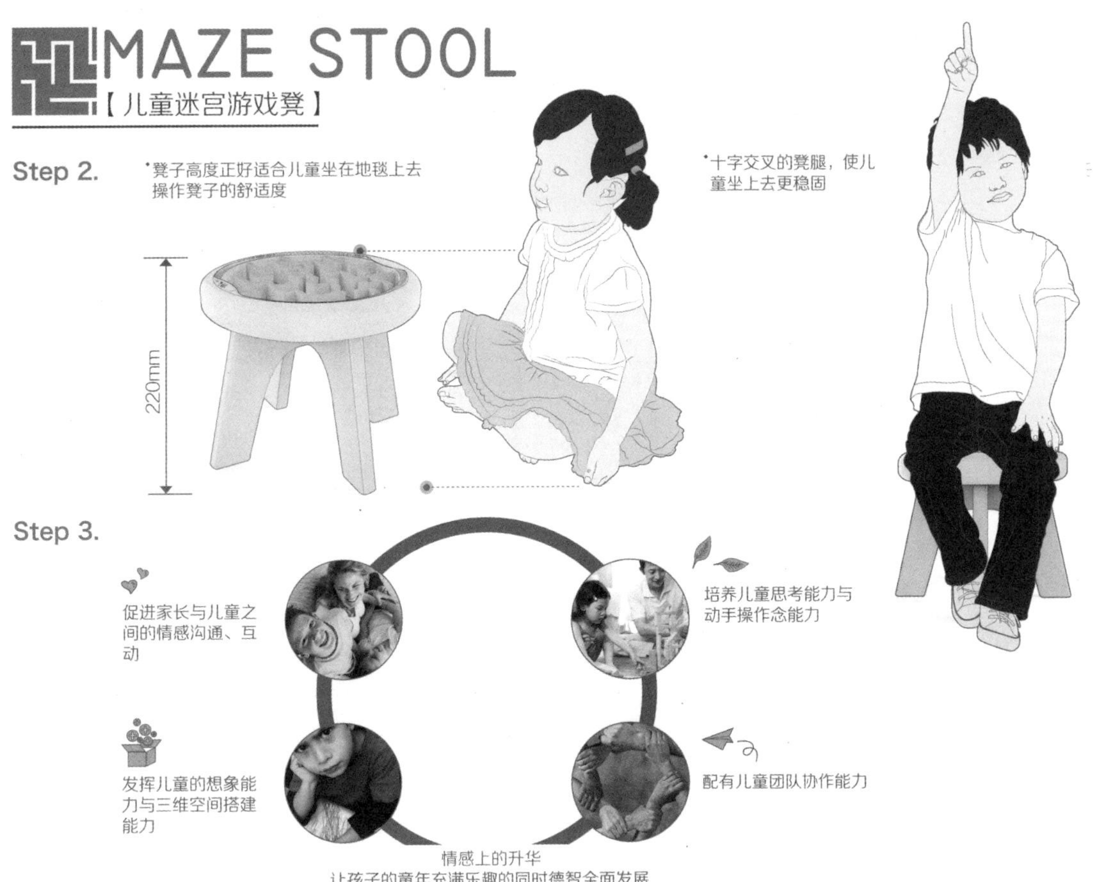
MAZE STOOL
【儿童迷宫游戏凳】
Step 2.
•凳子高度正好适合儿童坐在地毯上去操作凳子的舒适度
•十字交叉的凳腿，使儿童坐上去更稳固
220mm
Step 3.
促进家长与儿童之间的情感沟通、互动
培养儿童思考能力与动手操作念能力
发挥儿童的想象能力与三维空间搭建能力
配有儿童团队协作能力
情感上的升华
让孩子的童年充满乐趣的同时德智全面发展

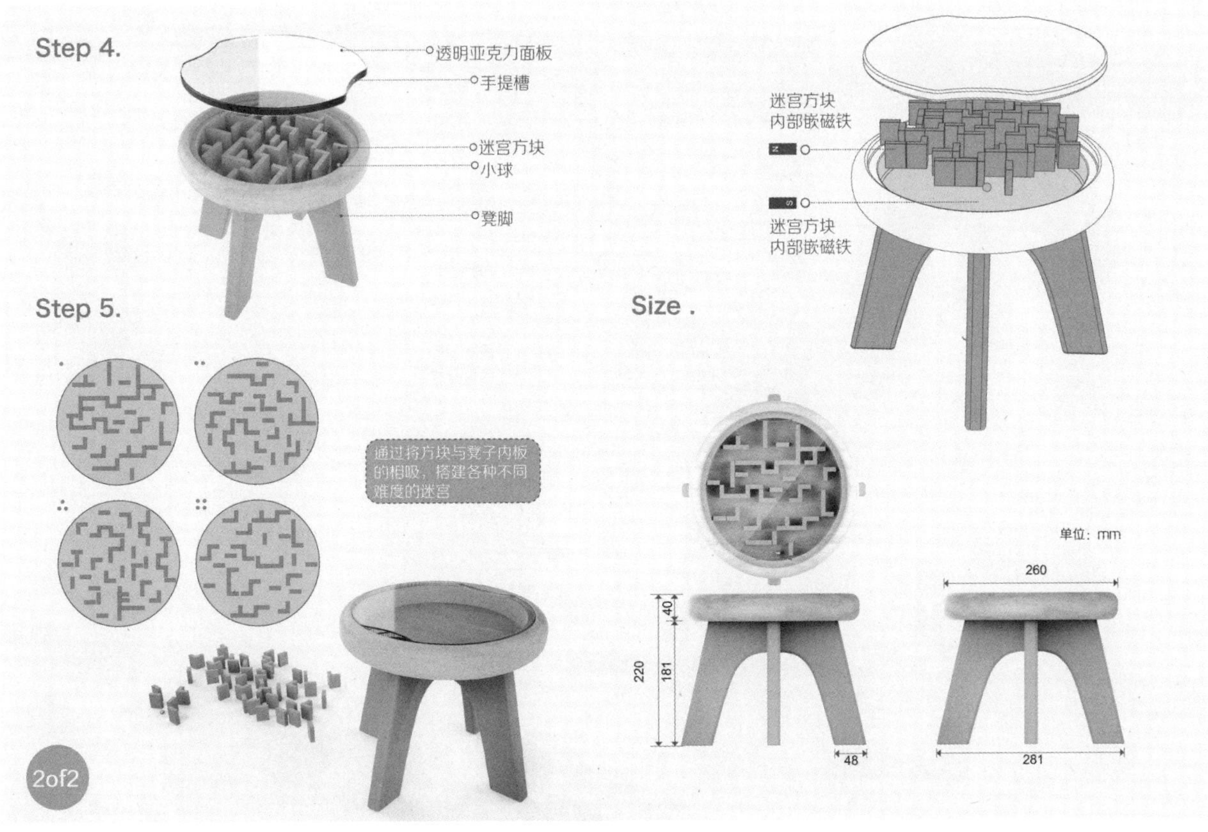
Step 4.
透明亚克力面板
手提槽
迷宫方块
小球
凳脚
迷宫方块
内部嵌磁铁
迷宫方块
内部嵌磁铁
Step 5.
Size .
通过将方块与凳子内板的相吸，搭建各种不同难度的迷宫
单位：mm
260
40
220
181
48
281
2of2

作者：俞凯

框景凳系列二
【装·饰】
Decoration
装饰凳子
“装·饰”，运用框景将干花巧妙地与凳子结合起来，在虚与实的空间下，打破传统花瓶的形式，使凳子赋予了新功能。“装·饰”凳子，使空间更加具有传统美学，在四平方圆的几何物语中寻找无尽的美学哲学，将传统的古典雅致与当代几何形制建立紧密联系在同一时空中静对。体现还原自然，天然合一的中国哲学，整体格局浑然天成。使凳子更加赋予内涵，贴近自然，美化我们的空间。
" Decoration", combined the box scene dried cleverly with stools, In the Chinese space, Breaking the traditional vase form, Making a new function of the stool. " Decoration", the stool , makes space more traditional aesthetics, Looking for the endless aesthetic philosophy between geometric radius and Siping area. Combine the traditional classical elegance with contemporary geometric shapes in the same time and space. It reflects the Chinese philosophy which restore nature, harmony between man and nature. The overall pattern is nature itself -- highest quality. Makimg the stool more endowed with meaning, Close to nature. Beautify our space.
功能说明
1、可选购搭配好的干花与凳子一体购买
2、可单独购买凳子，买回家后自行进行选购植物搭配
结构说明
使用说明
•将干花插入瓶口中
•平常可根据环境变化随身和自身喜好随时更换干花
材料说明
使用场景
小板凳款既可以坐又可以摆放于桌面处
175*130*175mm
•主材料选用原生态木材，自然的纹理，淳朴的状态。木材与abs塑料的结合，既现代又传统
四种自然原色搭配
木头在东方就是代表着东方式思维，在东方人眼中，和木头的关系，就是人与天地的关系
2 of 2

作者：俞凯

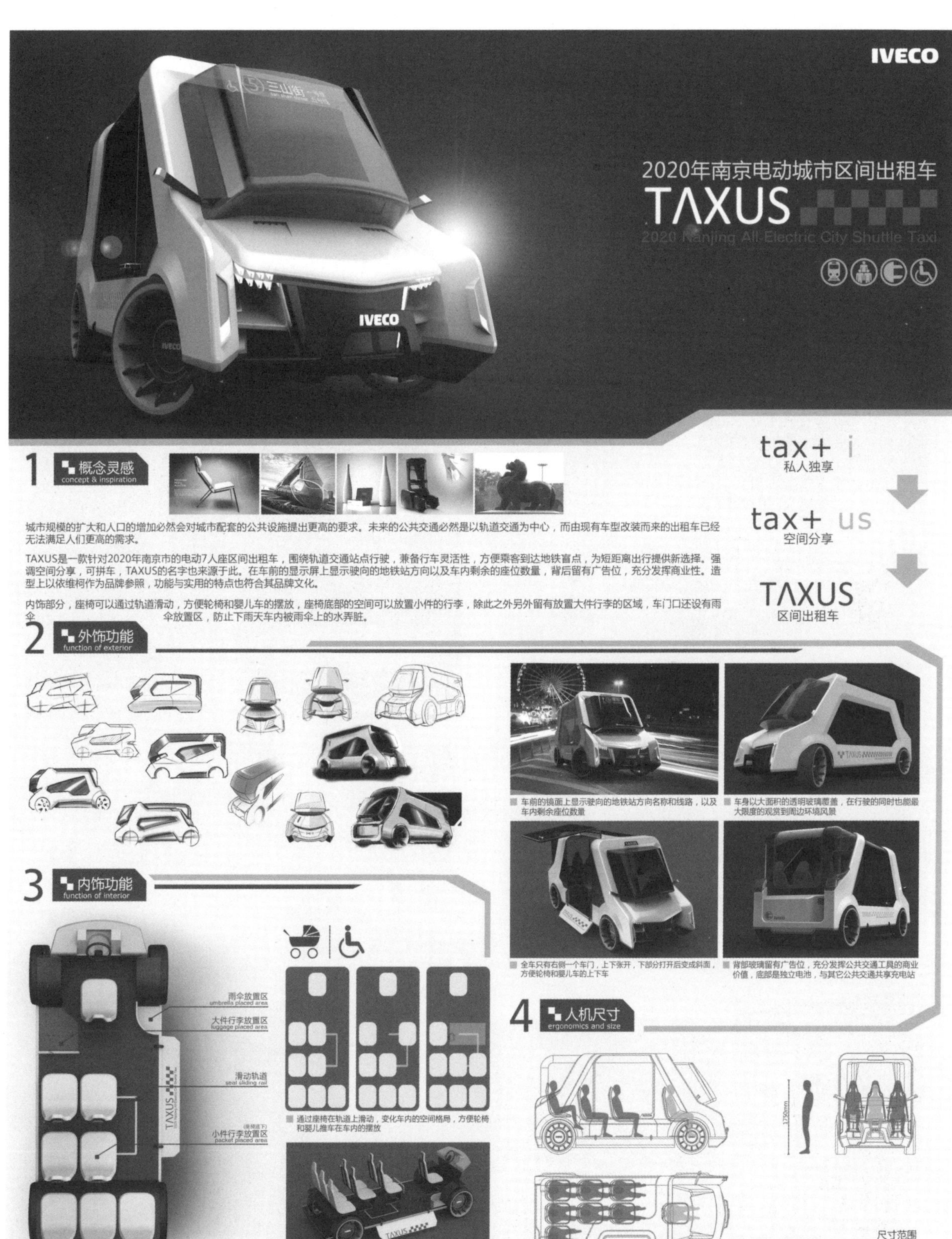

作者：周旭奇　指导老师：李亦文　王倩

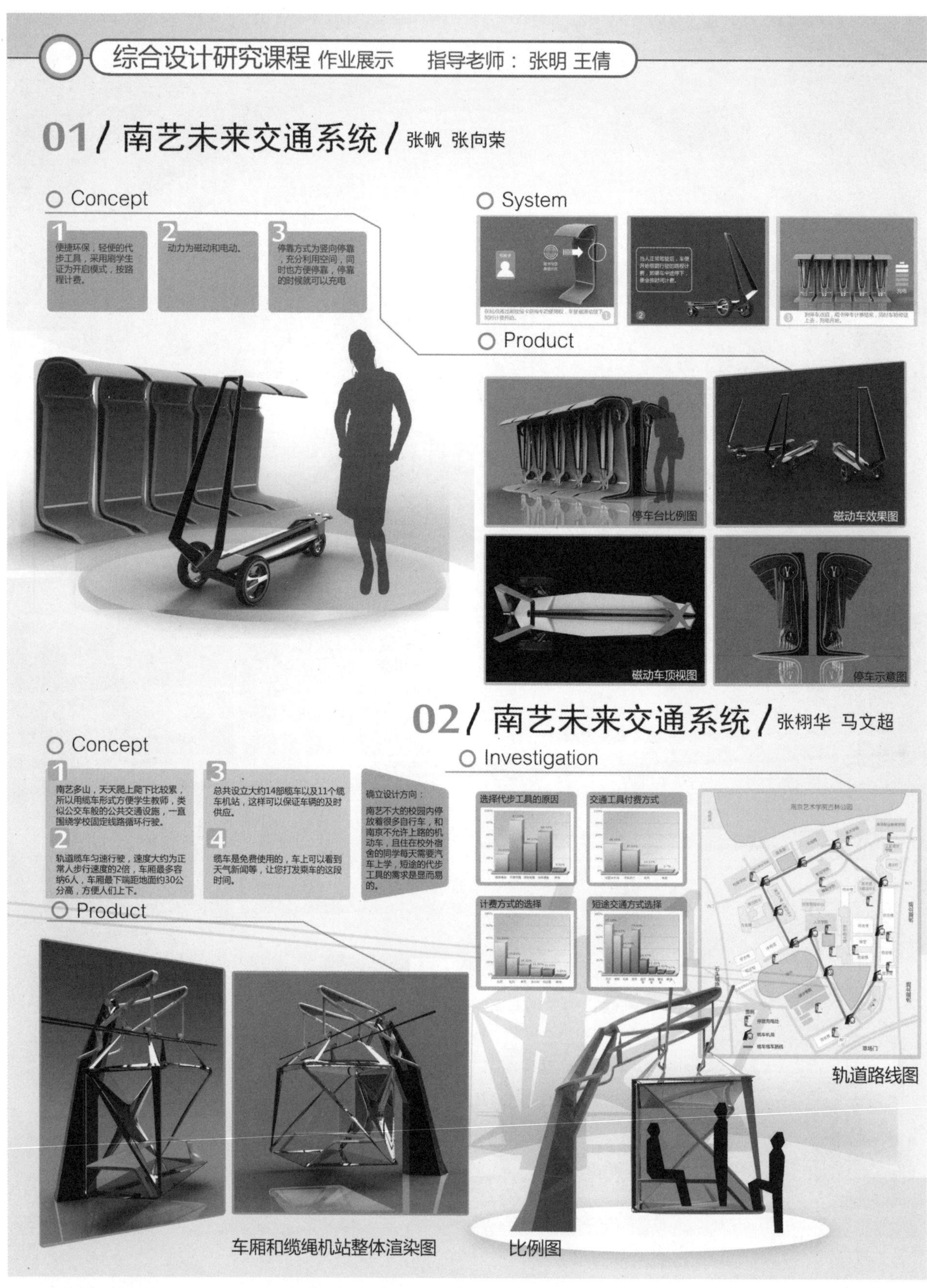

作者：张帆　张向荣　张栩华　指导老师：张明　王倩

参考书目

《产品设计综合表达》，佗鹏莺、魏笑、唐蕾 编著 人民美术出版社出版，2011 年
《设计表达》， 刘振生 、史习平、 马赛 、张雷 编著 清华大学出版社，2005 年
《版面设计的原理》，伊达千代（作者）， 内藤孝彦（作者）, 周淳（译者） 中信出版社，2011 年
《プロダクトデザインのためのスケッチワーク》，増成 和敏（著） オーム社，2013 年
《Balance in Design［増補改訂版］——美しくみせるデザインの原則》，Kimberly Elam（著） 2012 年